THERE'S ALWAYS A WAY

世界顶级
思维方式
（实践版）

人生总会有办法

黄磊 著

中国法制出版社
CHINA LEGAL PUBLISHING HOUSE

序：想法变了，命运就变了

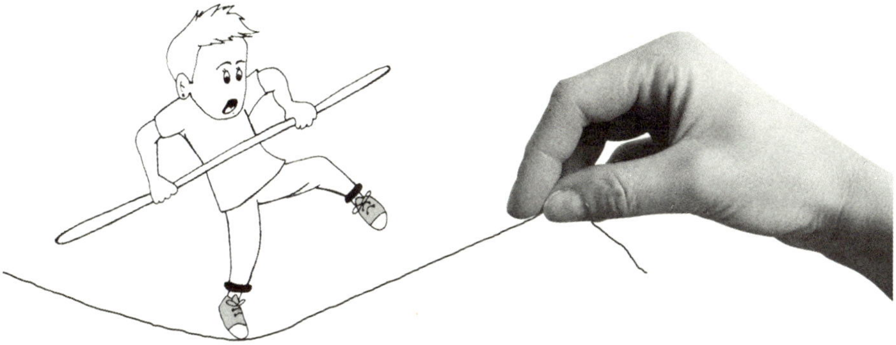

平庸者习惯了抱怨命运不济，即便事实的确如此，抱怨又有什么用呢？那些含着金汤匙出生的人，比你天赋高，比你背景好，更可怕的是他们比你还拼，怎么追？

甘拜下风？自暴自弃？

大部分人也是这样做的，结果这辈子也就这样了。

他们是被命运击垮的吗？

在某种程度上，是的！然而根源在于横亘于大脑中的那堵“墙”，想不通，就永远走不过去。

穷人与富人最大的差距在哪里？

也许你会列出很多因素：出身、资金、学识、人脉……

但是归根结底，还是思维方式的差距。

当 99% 的人还不知道互联网是什么东西的时候，马云的阿里巴巴就出现了。如果你将其归结为运气，那么看看张一鸣的今日头条，做新闻聚合的网站那么多，为什么只有今日头条冒出来了？

在我看来，今日头条这个名字太厉害了，凤凰新闻、搜狐新闻、网易新闻、新浪新闻、腾讯新闻、澎湃新闻……这么多老牌新闻网站厮杀了这么多年，结果却比不过异军突起的今日头条。

这些新闻客户端的名字简单粗暴，很难抓住客户的眼球，而且内容同质化，看哪个都差不多，突然间今日头条出现了，让人眼前一亮。

“大家都很忙，只看看头条新闻就好了。”

相信这是很多人的想法，张一鸣他们想到了，也做到了，结果今日头条火了。

当然，马云、张一鸣等人的成功绝不是一个名字、一个点子那么简单，但如果他们一直走在正确的思维轨道上，成功就变为水到渠成之事。

我曾是一个安于现状的人，刚毕业在交通部一个下属公司做财务，每天大部分时间都在喝茶看报，拿着微薄的薪资。即使这样，还被很多人羡慕。

我当时也很享受这份差事，但是进入社会一年之后，才意识到自己如同一只井底之蛙，眼界狭窄，思维滞后，于是在一年之后选择了离开。

命运波折，在没有任何背景、关系、能力平平的境况之下，辗转了几年，一度落魄到怀疑人生的地步，抱怨命运不公，好在最后自己想明白了。

当我把人生的方向大致看明白后，剩下的就是琢磨具体的事了。机缘巧合之下进入出版、培训这行，没有赶上暴利年代，平稳期又在给人打工，当多数人退出之时，我留了下来。因为琢磨透了，时机成熟，可以自己创业了。

在我看来，图书绝不是夕阳行业，如果一个国家没人看书了，绝对是一种悲哀。有人说纸质图书不行了，未来是电子书当道的时代。

这个说法有一定道理，但并不意味着纸质图书完蛋了。预测未来太难了，但是借鉴、模仿很容易，想知道未来的图书趋势，看看超级大国美国就行了，不仅是图书领域，很多方面都可以借鉴。

美国的纸质图书怎么样？根据美国出版商协会公布的2016年的数据，所有类型的纸质图书均有所增长，而且近几年都呈回暖的迹象，有声书下载增长25.8%，电子书下降15.6%。

此后图书真的没人看了吗？不可能的！

扯远了，讲了这么多，就是为了说明思维的重要性。什么事都得琢磨，人生如此，事业如此，想明白了，事就简单了，接下来行动就是了。

这本书中所讲的内容完全是为了拓展读者的思路，同时提供实际可操作性的方法，先激活你的大脑，然后请你在工作与生活中试一试，看看这些方法是否有效。

你的任务只有一项，那就是尽快想明白。想明白什么？人生、世界、工作……你需要想明白一切！

CONTENTS | 目录

个人极速成长的关键取决于思维模式，脑子活了，事就好办了。所以在成长过程中，我们最需要提高的是思维能力。激发大脑潜能，开启急速成长之路吧。

Part 1

问题多过方法，你就完蛋了

如果你的问题总是多过方法，你就完了。对精英来说，方法永远比问题多，因为他们总是可以找到解决问题的钥匙。

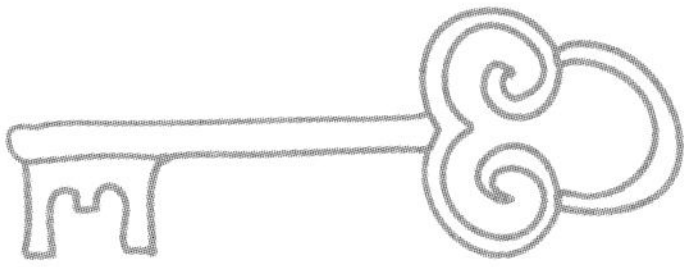

吉德林法则：认清问题的关键

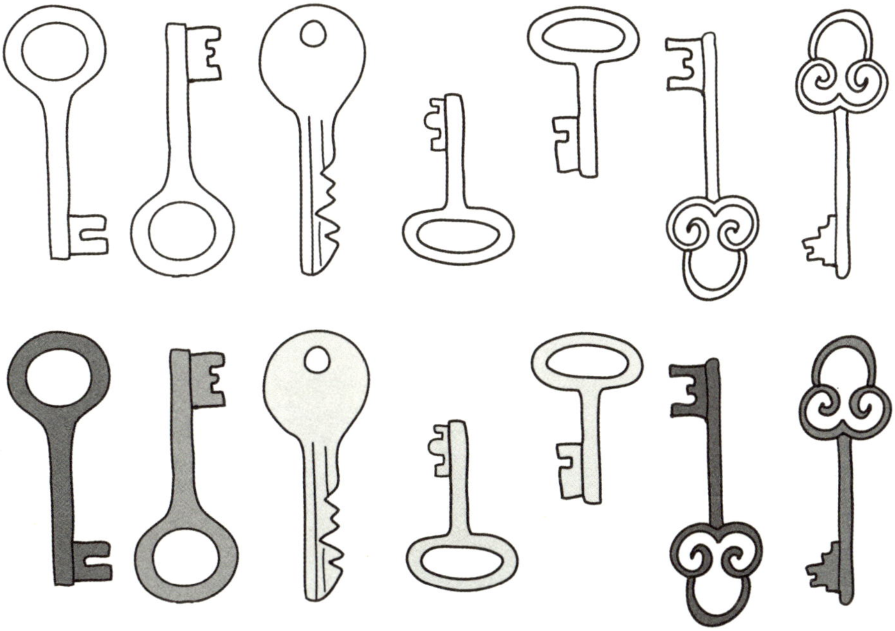

找到解决问题的那把钥匙

美国通用汽车公司管理顾问查尔斯·吉德林提出：**把难题清清楚楚地写出来，便已经解决了一半。只有先认清问题，才能很好地解决问题。**这种观点在管理学上被称为吉德林法则。

关于该法则的案例很多，其中最有名的当属“宇宙足球厂”的案例。

英国曾有一个妇女向法院提告，说她丈夫迷恋足球已经到了无以复加、不能容忍的地步，严重影响了他们的夫妻关系。她要求生产足球的厂商——

宇宙足球厂赔偿她精神损失费10万英镑。

在厂商看来，这一指控毫无道理。但在结果宣判之前，种种迹象表明，这位妇女的要求得到了大多数陪审团成员的支持。想到马上就要支付巨额的赔偿费，宇宙足球厂的老板很是忧虑。

这时，宇宙足球厂的公关顾问认为，对公司来说，问题的关键就是这位妇女的控告让公司损失了大笔的钱，要是能通过这次控告重新赚回损失的钱，问题不就迎刃而解了吗？

于是，他向公司建议：与其在法庭上与陪审团进行无谓的陈述，还不如利用这一离谱的案例，为公司大造声势，向人们证明宇宙足球厂生产的足球魅力之大。

方案定好之后，厂商与各媒体进行了沟通，让他们对这场官司进行渲染。果然，这场官司经媒体的不断轰炸后，宇宙足球厂名声大振，产品销量一下子就翻了四番。与损失的10万英镑比起来，宇宙足球厂算是因小祸而得了大福。

在看到这个案例之后，我们一步步进行分析：

第一步，通读案例：

一遍读不懂就读两遍、三遍，直至理解为止。

第二步，发现问题：

一位妇女因为丈夫迷恋足球影响了夫妻关系，因此要告宇宙足球厂。

第三步，确定核心问题：

公司面临赔款10万英镑的后果。

第四步，解决问题：

因为该妇女的诉讼理由比较离谱，很有炒作价值，与其到法庭上周旋，不如找媒体进行炒作，还会起到宣传效果。

再来看一个案例，同样是英国公司，这回是航空领域：

英国航空公司遇到过一次危机。有一次，一架途经纽约的航班因为机械故障，在纽约被迫降落后禁飞。乘客对此极为不满，对英国航空公司怨声载道。该公司立即调度班机，将63名旅客送到了目的地。

当旅客下机时，英航职员向他们呈递了一份言辞恳切的致歉信，并为他们办理退款手续。尽管英航因此损失了一大笔钱，但起了力挽狂澜的功效，大大弱化了乘客的不满情绪。

英航的这一举措被人们广为流传，不仅未损害反而大大提高了英航的声誉。此后，英航的乘客一直源源不断。

在这个案例中，同样采用吉德林法则分析问题：

第一步，通读案例。

第二步，发现问题：

飞机故障，影响旅客行程。

第三步，确定核心问题：

英航面临信誉危机。

第四步，解决问题。

英航在危机面前采取了快速反应模式，调度其他飞机将旅客送到目的地，写道歉信，退还旅客款项。

沃尔森法则：圈子→信息→财富

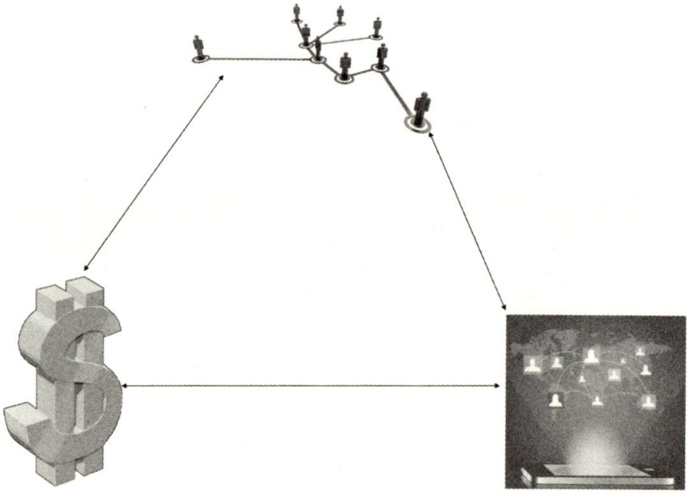

圈子→信息→财富

这是美国企业家S. M. 沃尔森提出的一条黄金法则，时至今日，依然被奉为真理。法则的大意是永远将信息和情报放在第一位，那么你的财富就将滚滚而来。

你能得到多少，往往取决于你能知道多少。这是一条亘古不变的真理，昨天如此，今天如此，明天更是如此。

最早，这条法则被企业家广泛认同，并运用在公司经营之中。早些年，日本的尼西奇公司只是一家生产雨伞的小企业。直到有一次，董事长多博川看到了一份当时的人口普查报告。

上面写道，日本每年有250万婴儿出生。

商人的嗅觉与前瞻性是常人无法比拟的，这条信息如同黄金般珍贵。

多博川意识到，250 万新生儿，以每个婴儿平均一天需 10 片尿布计算，这个市场潜力是非常巨大的，而且当时日本的大公司根本看不上这个领域，所以竞争并不激烈。

想到这里，多博川一声令下，公司开始转型。如今，日本的尼西奇公司生产的婴儿尿布已经占据了市场 70% 的份额，占全球尿布销量的 1/3，多博川本人也因此成为享誉世界的“尿布大王”。

第一手信息 + 前瞻性 = 未来！

沃尔森法则适用于企业，同时也适用于个人。在如今残酷的竞争环境下，一线城市聚集着来自全国甚至全世界的超级精英，很多同一领域的人在智商、能力、经验等方面相差无几，如何才能再领先一步？

信息才是制胜关键！

你比其他人早 1 分钟得到信息，就有 60 秒的准备时间；你比其他人提前 1 天得到信息，就有 24 小时的准备时间。

对超级精英来说，1 小时意味着很长时间，他们可以完成多项工作。如果以价值衡量的话，一名普通员工与一位企业高管 1 小时的价值则会相差悬殊。

对个人而言，想要领先一步，就要善于挖掘信息。**信息源主要来自两个方面，公开的与非公开的。**

简单来说，公开的信息就是可以通过网络查到的。别小看这个选项，同样是公开信息，有些人知道该查什么，有些人连关键词都想不出来。

我曾经招募过一批兼职工作人员，他们的工作很简单，就是通过网络寻找潜在客户。这些兼职员工大部分是年轻人，有些是大学生，他们的信息收集能力就很差。我们制作了模板，讲述了具体方法、沟通话术，他们只需要在网上搜索相应的关键词，就可以快速打开局面。

然而结果却令人非常失望，他们只能根据我提供的关键词进行搜索，没有任何联想能力，无法找到有效信息。

这件事也让我明白了为什么员工之间的收入会有这么大差别了。

对公开信息的搜索是一件相对容易的任务，我在这里并不是要教你搜索技术，只是为你打开思路。互联网是一个神奇的地方，只有你想不到的，没有你找不到的。所以，平时应该花时间学一些搜索技术，仅凭这一点，就会让你的收入翻番。

再来说一说非公开信息，获取这方面的信息是非常困难的，这类信息在网上很难查到，必须通过圈子才能掌握。如微信群，很多第一手信息我们都是在群里说，因为都是圈里人，这样的信息很少有人发到网上，因为没必要也没时间。所以，如果你想要获取最及时、最深入的信息，必须学会混圈子。不仅是网上的圈子，毕竟那些都是次新消息，虽然是圈里人，但是并不一定彼此认识。

第一手消息只可能来自线下，来自酒桌、聚会，因为私密性更强。试想，我有一只股票的内幕信息，我会把它发到网上吗？也不会发到股票群。我只会将这个信息告诉跟我关系最近的几个人。

所以，为了获得第一手消息，你需要多进行线下交流，尤其是吃饭喝酒。这里涉及一个观念问题，千万别怕花钱。穷人为什么穷，其中一个原因就是输在了观念，怕花钱会让你失去很多机会。对此我不想多说，你只有走到这一步才能理解。

不要一个人用餐，即便是闲聊，也要约上他人。我始终相信，只要沟通就有机会。

圈子决定信息，信息决定财富！

巴菲特定律：别在竞争激烈的领域硬拼

巴菲特说过，在别人投资的地方去投资，是不会赚到钱的，只有投资别人没有意识到的领域才有机会。

的确如此，跟风是很难吃到肉的，做得好有一口肉汤喝，做不好还会烫到自己。在互联网领域有句话，行业老大跟老二打起来，你猜结果如何？

老三死了！

实际上不只是老三，老四、老五、老六……都不好过。

共享单车就是很好的例证，这是一个非常热门的领域，拥有广阔的市场需求，所以很多投资人都冲了进来，结果在小黄车跟摩拜单车拼杀的过程中，后续进入者可谓死的死，伤的伤，相当惨烈。

小蓝单车本来牢牢占据市场老三的位置，他们的投资策略也非常正确。当时小黄车在占有率方面遥遥领先，但是非常难骑，而摩拜单车299的押金又显得太高了。这时小蓝单车杀了进来，押金不高，单车好骑，一度受到消费者的热捧，虽然免费骑行的策略拼不过老大和老二，但是仍然有很多消费者只认小蓝车，因为好骑！

这就是巴菲特讲的市场空缺，在热门领域竞争是非常惨烈的，唯有找到市场空缺才有可能生存下来。

小蓝单车由于种种原因最终失败了，实在有些可惜，不过它的策略其实并没有问题，如果不是某些关键点失误，也许能够活下来。

巴菲特定律也要从两方面理解，竞争激烈的领域生存不易，但是机会更多；成为老大不容易，但是精明的跟风者也能分到一杯羹。

爆款产品出来之后，马上会出现很多跟风者，有些毫无特点的产品就会死掉，而有些比较有特色的产品销量还是非常不错的。

对个人来说，巴菲特定律最重要的意义在于自我认知与选择。

所谓自我认知，就是要充分认识自己的优势、劣势，这样才能做出准确的判断。以选择职业为例，金融、互联网这些都是热门领域，然而竞争激烈，一线城市可谓人才济济，如果你选择了这些行业，念完大学之后想在北上广深这些地方生存下来，绝对不是易事。

所以在选择之前，你就要充分考虑到巴菲特定律，对自己有一个准确的评估。

第一步，确定你的目标

也就是你想要什么！

小富即安？那么即便是选择了热门领域，也可以考虑到二线城市发展，同样可以实现你的目标。

成就事业，做行业领头人，甚至是改变世界？

那么留给你的选择余地就不多了，肯定是一线城市，你要考虑自身的实力，与超级精英过招，看能否幸存。

第二步，志在何方

这一步实际上是确定兴趣！

我们都很清楚，一份毫无兴趣的工作是非常折磨人的，再高的薪水也无法带来快乐。这就需要你自己做出权衡：钱还是快乐？

第三步，做出选择

充分分析形势之后，做出谨慎选择。所谓“男怕入错行”这句话不是瞎说的，我对此感同身受。如果你没有人脉（刚毕业的大学生大部分没什么人脉资源），没有家庭背景，想要凭借关系找到一份好工作几乎是不可能的，你只有靠自己。然而刚从学校走出来的年轻人，如果和用人方谈经验、能力，很可能被人家笑话。

我的职场第一年还算顺利，当时学的是财务专业，毕业后顺利来到一家国企做财务。很多同学羡慕我，因为当年毕业时正好赶上“非典”

疫情蔓延，很少有用人单位招人，为数不多的几次面试机会中，我就找到了工作。

一年之后我才发现，自己是多么讨厌财务工作，实在忍受不了就选择了辞职。这次任性的结果就是，半年找不到工作。

可以说，从报考大学开始，我就做出了错误的选择，结果险些耽误了一生。做了一年财务之后，由于不想干相关行业，所以辗转做过很多工作，都是低级别的工作，那段时间可谓被浪费了。

如果不是后来借助人脉翻身，可能很难改变命运了。

想一想真的很后怕，所以在此告诫广大读者，选择是非常关键的。

如果要对本节做出总结的话，我认为可以分为两种情况：

第一种就是你真的非常优秀，不甘平凡的生活，想要做点事情。这类人可以不考虑巴菲特定律，因为根据今日的形式，只有竞争激烈的地方，才有最大的机会。

第二种就是你对自己有一个合理的认知，而且非常精明，你并不期望成为行业领军人物。这类人可以遵循巴菲特定律，选择一些竞争相对轻松的领域，或者是一些冷门领域，这样做起来往往更容易成功。

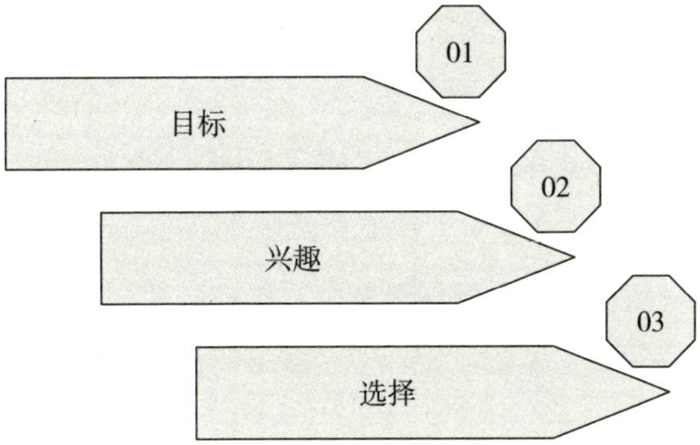

关键三步

弗洛斯特法则：知道自己能做什么，不能做什么

美国思想家 W.P. 弗洛斯特说过一句名言，在筑墙之前应该知道把什么圈出去，把什么圈进来。

对企业来说，该法则可以理解为准确定位才能赢得市场。日本松下电器曾经有一段时间准备进军大型电脑领域，并且已经投入巨额资金研制出样机，但是在后期的调研过程中，松下公司发现，当时的日本已经有包括松下在内的 7 家公司在从事大型电脑的科研开发工作，该领域竞争非常激烈，而且公司高层对大型电脑的未来并不看好。

再三权衡之后，1964 年，松下电器公司做出了选择，他们决定撤出大型电脑领域，而是将重点放在家用、小型电脑上。历史证明，这一决定是非常明智的，打开松下电器的官网，你会看到如下几款产品：

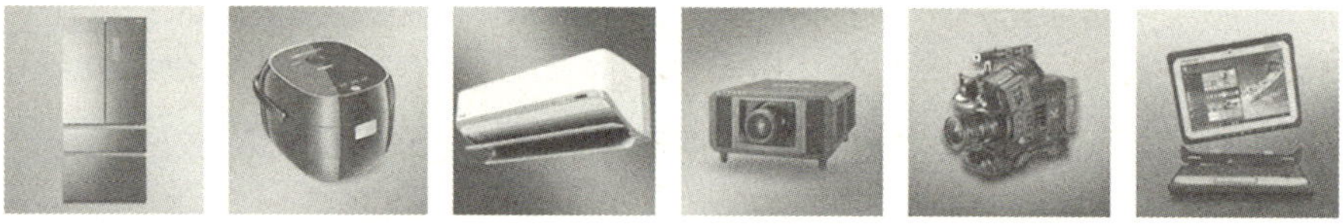

最后一款是笔记本电脑，没有大型电脑产品。

一家企业如果想在竞争过程中立于不败之地，一定要有一个明确的定位，知道能做什么，不能做什么。很多公司采用多元化策略，什么都做，结果什么都没做好。

对个人来说同样如此，想要更好地发展，必须有准确的定位，而这种定位可能意味着一定程度的放弃，但是如果定位准确，未来的收益比当下的损失大得多。

在网上看到一位投资人的博客，很有意思，据说这是一个真实的故事，讲的是投资人的两位朋友。

A 君和 B 君之前身为同一家公司的联合创始人，A 负责市场，B 负责研发。之后两个人分头创业，A 没有准确定位，什么都做，先是成立了一家快消品公司，第二年又承包了西安到新疆航线的 100 个座位，后来又承包了两个景区卖门票，同时在景区附近开了一间酒店。到后来，A 君一共开了 5 家公司，各行各业都有。

看起来，A 君的成绩相当不错，然而当朋友问他主营业务是什么，他一脸茫然。

再来看 B 君，起步阶段非常困难，但是由于他是搞研发出身，认定了做产品这条路，多年磕磕绊绊创业之后，他的公司营业额已经过亿。

从人生角度来说，两个人都很成功。从创业角度来说，A 君虽然拥有 5 家公司，但是没有一个明确的发展方向，可以理解为赢了财富，输了事业。

真正成功的投资人都是为了做事业的，而不是赚点小钱。这句话一般人理解不了，只有经历过的人才会懂。不仅是做创投的，所有不甘平庸的人都应该如此，事业才能带来真正的成功，财富不会。

如果你在进行人生定位时，金钱是唯一的目标，相信这个过程会很痛苦，并不会带给你乐趣。如 A 君，卖门票，包航线，开酒店……

几年之后，运气好的话赚了点小钱，但是事业一个也没做成，相信他在入行之初的理想并非如此。

而 B 君才是真正的人生赢家，事做成了，钱自然少不了，这种成就感是 A 君体会不到的。

那么，我们到底应该如何进行自我定位呢？

前面已经讲过自我认知与方向选择，这两点选对了之后，大方向就不会出问题，在个人发展的过程中，再筛选出“能做的”，也就是自己喜欢的、擅长的领域；以及“不能做的”，就是自己不擅长、不喜欢的领域。

如果你没有强烈的金钱欲望，那么不喜欢、不擅长的领域，钱再多也不做。选择自己喜欢的领域，然后找出最擅长的项目，一直坚持下去，你不一定成功，毕竟成功太难了；你也不一定能赚到钱，因为赚钱同样很难。

但是有一点可以肯定，你会很开心，并且因为兴趣可以一直坚持下去。

越是擅长的事请，我们越喜欢做，如我就喜欢踢足球，因为很擅长这个项目，而且身边的队友很强，所以总是赢。

谁不喜欢赢的感觉呢？越赢越喜欢踢。

从初中到高中，由于学校没有场地，只能打篮球，这个项目我既不喜欢也不擅长，不过我个子高，又有一定的运动天赋，还是被体育老师选中了。

可我的态度很坚定，瞎玩可以，专门练习就算了，因为这项运动不会带给我任何乐趣。与其打球，不如看看课外书或者跑跑步。对我来说，后两者更有意思。

确定一个目标，找到一份相关的、感兴趣的工作，然后筛选出完成目标的过程中“不能做的”事情，将剩下的精力全部投入“能做的”事情中，这样才能带来更好的发展。

犬獒效应：竞争造就强者

当年幼的藏犬刚刚长出牙齿时，主人会把它们放到一个没有食物和水的封闭环境内，让这些幼犬自相撕咬，最后剩下一只活着的犬，这只犬被称为獒。据说十只犬才能产生一只獒。

人们将这种现象称为犬獒效应，意思是竞争造就强者。虽然很残酷，却符合优胜劣汰的自然法则。

人生也是如此，如果你不甘平庸，就要勇于接受竞争，这样才能造就最强的自己。曾有研究人员询问美国公司的 CEO 最欣赏哪类员工。

结果显示，这些首席执行官最欣赏的是那些主动尝试、勇于接受挑战的员工。

成功者相信，真正优秀的人会在面临挑战时激发出巨大的能量，而残酷的竞争则是最佳环境。

和平年代，最强者属于各个领域的财富英雄，这些极少数人凭什么能够掌握全人类 85% 以上的财富？

他们经历过的磨难是一般人无法想象的，这些人共同的特点就是喜欢竞争，尤其喜欢与最强者过招，即便这个过程会让他们遍体鳞伤，他们依旧乐此不疲。

唐纳·肯杜尔是一位公司高管，在他看来，在生意上遇到强劲、精明的竞争对手，是用钱都买不到的好事。

他的话也代表了很多优秀的人，这些人从不惧怕竞争，而是热爱竞争。因为他们很清楚，即便在竞争中拼得遍体鳞伤，也比在安逸的环境下成长得快。

我认识的人大致可以分为两类：90% 的人属于贪图安逸型，这些人不喜欢竞争，甚至畏惧竞争。还有 10% 的人喜欢竞争，竞争越残酷、越激烈，他们越兴奋。

以踢足球这件事举例，我所在的球队一般自己训练，很少出去比赛，大多数球员只以健身为目的，踢球图个高兴。有一段时间我和朋友经常出去约球，我们的水平也不差，所以 90% 的比赛都赢了，可是在输掉两场比赛之后，球队内部开始出现分歧，大部分人不支持比赛，觉得外面的球队太强了，还是喜欢自己踢着玩。

结果球队出现了分化，踢得好的几个人离开了，他们更愿意参加有竞争的比赛。我发现，这几个人不仅球踢得好，工作也非常成功。其中两个是投资人，一个是律所创始人，剩下几个也是做小买卖的老板。反观球队中剩下的队员，大多数是普通打工者，而且收入水平普遍不高。

竞争意识会影响工作与生活中的方方面面，影响一个人的做事态度。经常与高手过招，也会提升你的个人能力。

这里只需要注意一点，就是竞争对象的选择。如果你选择了过强的目标，会打击信心。就像踢比赛，如果约到了一支强队，水平比自己球队高出很多，很容易出现大比分失利的情况，这样对于信心的打击是致命的。我们队就是因为一场惨败出现分歧的。

因此，在个人发展过程中，要积极参与竞争，但是一定要注意所在领域、环境、难度等因素。

如何选择？

首先，你所挑选的竞争对手一定不能比你弱，除非你需要找信心，如国足在大赛之前总会约一些弱队，目的就是找找进球的感觉。

你的对手一定要比你更优秀，但是水平又不能比你高太多，也就是说，你通过努力完全有机会追上对方甚至超过对方。

其次，挑选的领域一定是适合自己的。例如，你想练习英语口语，可以和一些以英语为母语的外国人多交流，而不要选择有口音的外国人练习，如讲英语的日本人、讲英语的印度人。

最后，竞争环境要合适。根据你的能力，选择适当的环境，不宜过于激烈，也不宜过于安逸。

Part 2

如何有逻辑地思考人生

没事别瞎思考人生，如果要思考，一定要有逻辑性。如何才能让思考更有逻辑性呢？一定要掌握思维方法，借助思维工具！

空雨伞理论

简单就是终极的复杂。

——达·芬奇

空雨伞理论是麦肯锡咨询公司发明的一种极简思考法：

空＝事实＝现在的情况	抬头看天，发现阴天了
雨＝解释＝对现在情况的解释	因为阴天了，所以判断可能会下雨
伞＝行动＝根据解释采取的行动	带伞出门

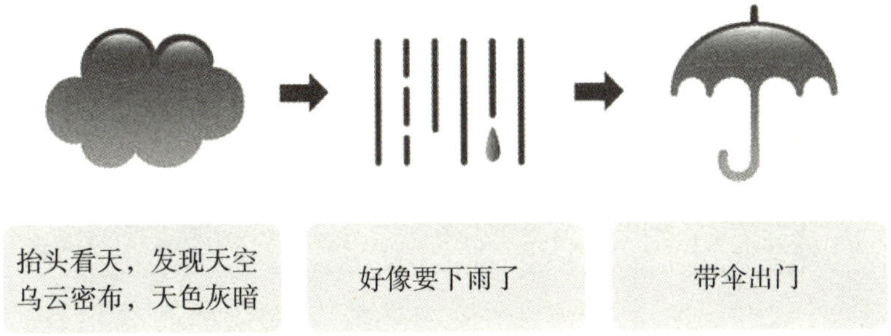

空雨伞理论

这是一种逻辑思考模式，有助于做快速抉择。这种思考方式会帮助你极大地提高效率。

当你需要快速做决策时，套用空雨伞模式：

第一步——空：把握事实和现状

第二步——雨：解释、预测

第三步——伞：行动、提案

空雨伞理论除适合快速做决策外，还可以套用在很多领域，如做笔记。将㊀空→㊀雨→㊀伞这三个板块体现在笔记本上，如下图：

<table>
<tr><td colspan="2">空</td></tr>
<tr><td>雨</td><td>伞</td></tr>
</table>

这种分割方法也被称为“黄金三分法”，之后根据实际情况做笔记。

<table>
<tr><td colspan="2">空=事实=天阴了</td></tr>
<tr><td>雨=解释、预测
很可能会下雨</td><td>伞=行动
出门带伞</td></tr>
</table>

5W1H

5W1H分析法也被称为六何分析法，是一种思考方法，1932年由美国政治学家拉斯韦尔提出，后经不断改进，逐步形成了一套成熟的“5W+1H”模式。

5W指的是：

Why（原因）——为什么要做

What（目标）——做什么

Where（地点）——在哪儿做

When（时间）——什么时候做

Who（目标对象）——谁来做

1H 指的是：

How（方法）——怎么做

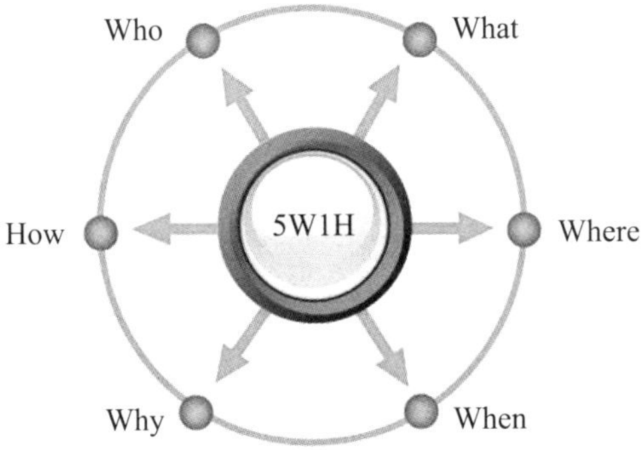

5W1H

熟练运用这种分析方法，会给工作与生活带来极大帮助。该方法的具体优势在于：

1. 复杂问题清晰化。

2. 有效把握主线，有助于逻辑性思考。

3. 操作简便，富有启发性，能够联想到很多其他问题。

在具体应用方面，5W1H 可以运用在很多方面，如制订工作计划。以写书为例：

Why（原因）——为什么要写这本书？

1. 市场上有一本同类书火了，所以从投资的角度考虑，这本书的风险较小；

2. 一直想写一本思维方法的书，而市场同类书较少，据个人预测，这类书可能成为下一波热点；

3. 个人对思维方法有一套独到的见解，希望分享出来帮助读者实现自我提升。

What（目标）——写出一本畅销书

每一位写书的人都有所期待，希望自己的书能畅销，这不仅意味着更高的收入，也意味着更多人有机会看到你的想法。

Where（地点）——写作地点是个人工作室

写作是一件很有趣的事，同时需要一个安静的环境，所以地点可以选择家里的书房。

When（时间）——预计多长时间完成

对很多人来说，写书是一件很困难的事，在以往的经验里，人们认为需要花费几年时间才能完成一本书。实际上，这种观念已经过时了，这是一个飞速发展的时代，5 年前的东西早就过时了。你需要根据个人精力做出一个时间框架，每天完成一定的量，坚持下去很快就会写完一本书。

Who（目标对象）——谁来写

当然是作者本人执笔最好，很多高管或名人写书，大部分都是找人代笔，一是因为太忙，二是因为文笔不好，三是因为付出与收益不对等。然而，代笔的水平就要差很多，这类书不需要看文笔，而是你的想法，所以亲自执笔才是一种负责的态度。

How（方法）——写一本书具体需要怎么做

这是关键问题，你需要列出大纲，查阅相关资料，然后学习畅销书的写法，以及一些必要的写作方法。掌握了相关技巧之后，你发现写本书完全没有想象中困难。

5W1H是一种思考方法，可以运用在很多领域。在处理问题之前养成习惯，先在脑海中按照5W1H进行提问，可以在纸上手绘一个简单的心智导图，如按下图所示，把问题写在纸上，这样思路就会更加清晰，势必提高工作效率。

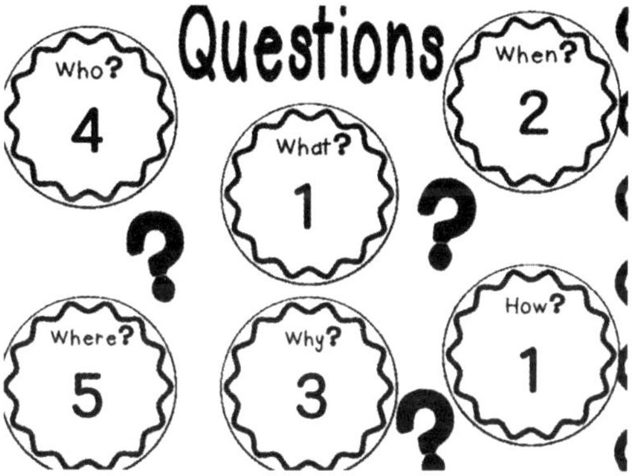

简单的心智导图

矩阵视觉思维法

这是一种视觉思考法，利用数学上矩阵的形式表示因素间的相互关系，从而更好地分析问题、解决问题。

这种多元化思考的方式经常被企业采用，用来进行战略分析或质量管理。我们的着重点则放在个人思考方面，通过矩阵视觉思维的方式解决生活与工作中遇到的问题。

矩阵视觉思维法主要分为如下几类：

SWOT矩阵

二维矩阵

PDCA矩阵

SWOT 矩阵

该方法由美国旧金山大学的管理学教授韦里克提出，经常被用于企业战略制定、竞争对手分析等方面。

我们也可以将其应用于分析具体问题方面，SWOT 分别是这几个英文单词的缩写：Strengths、Weaknesses、Opportunities 和 Threats。

优势（S）

劣势（W）

机会（O）

威胁（T）

根据这几项内容，以视觉化呈现：

优势（Strengths）	劣势（Weaknesses）
机会（Opportunities）	威胁（Threats）

在遇到问题时，可以利用该矩阵进行评估。简单手绘一个表格或者利用 word 插入表格，之后将解决问题的思路罗列出来。

例如，我需要做一份 PPT，通过 SWOT 矩阵分析：

优势（Strengths） · 擅长文字部分内容	劣势（Weaknesses） · PPT 设计方面是弱项
机会（Opportunities） · 合作公司的老总将参与会议，所以这份 PPT 可能会决定能否拿到该项目	威胁（Threats） · 三个竞争对手，其中一个在内容上有优势，另一个在 PPT 设计方面有优势

通过 SWOT 矩阵将问题罗列出来之后，思路就会更加清晰，也会更容易找到解决问题的方法。

二维矩阵

也就是说，将一件事按照重要性与紧迫性两个维度进行分析，目的是列出思考框架，并以图形化的形式呈现出来。

	重要	不重要
紧急		
不紧急		

按照该二维矩阵填充事件，你就能很轻松地分辨事情的轻重缓急，从而提升效率。例如：

	重要	不重要
紧急	1. 撰写工作报告，开会马上要用	2. 给经理回电话
不紧急	3. 做 PPT	4. 回复邮件

通过二维矩阵的图像，很容易确定接下来需要处理的任务，分别是：

1. 撰写工作报告，开会马上要用（紧急且重要，马上着手处理）。

2. 给经理回电话（紧急事项，做完报告马上回电）。

3. 做 PPT（不紧急但比较重要的事项，需要拿出一段时间认真处理）。

4. 回复邮件（不紧急也不重要的事，可以利用碎片时间处理）。

PDCA 矩阵

PDCA 循环是美国质量管理专家休哈特博士首先提出的，由戴明采纳、宣传，获得普及，所以又称戴明环。

同样，我们可以将 PDCA 循环变为矩阵的形式，用来解决工作中遇到的问题。

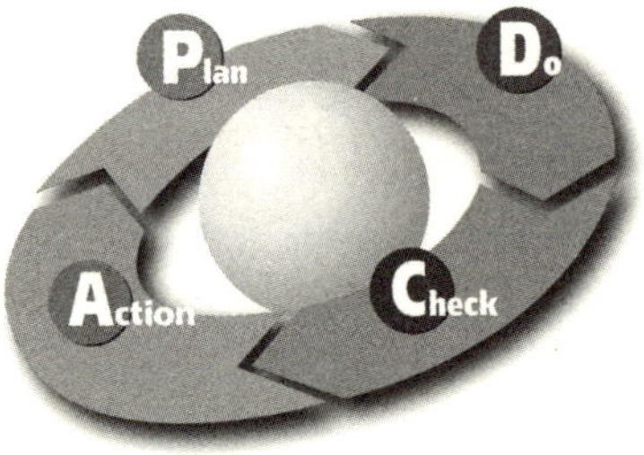

PDCA 是英语单词 Plan（计划）、Do（执行）、Check（检查）和 Act（实施行动）的第一个字母的缩写。

1.P（Plan）计划

2.D（Do）执行

3.C（Check）检查

4.A（Act）实施行动

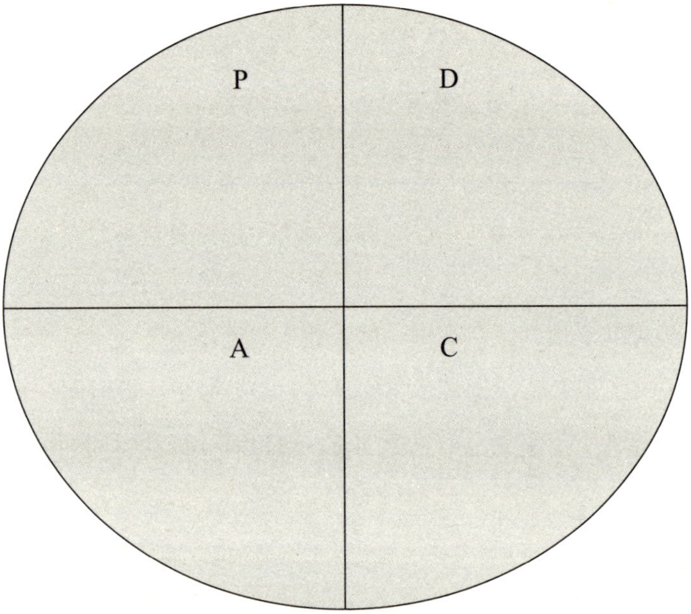

PDCA 矩阵

利用简单手绘的效率最高，类似这样的草图。虽然不够美观，但是不影响思考效果。

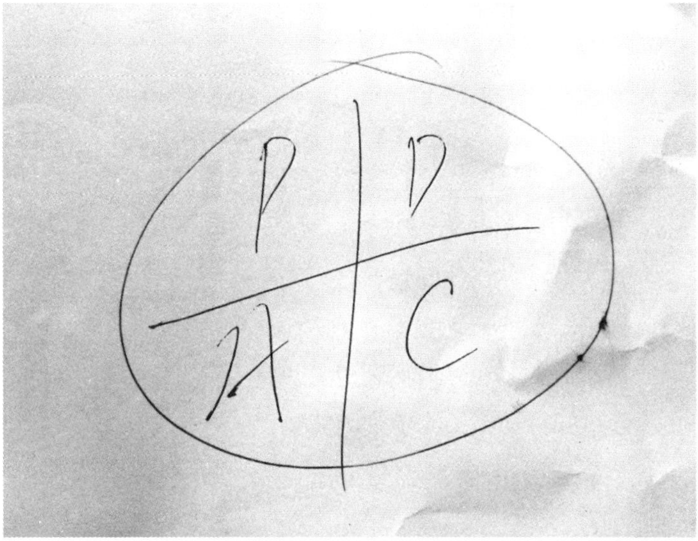

以制订“每日工作计划表”为例进行讲解：

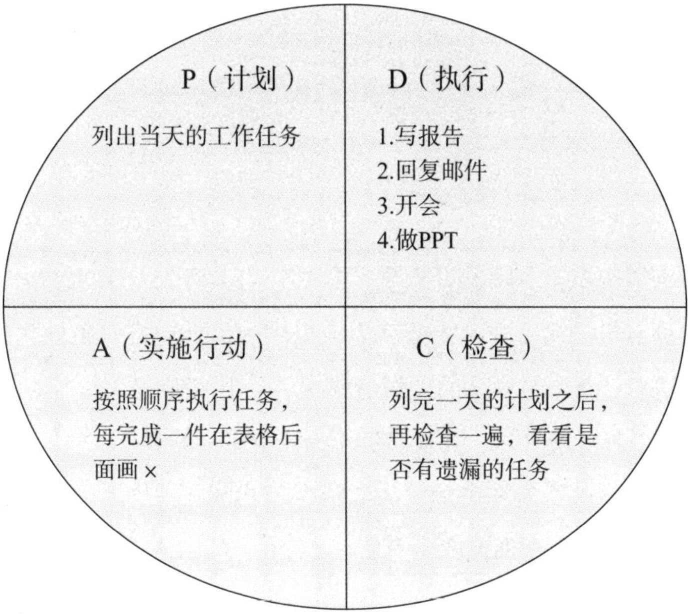

费米推理

费米推理，也被称为费米估算法，是由美籍意大利物理学家恩里科·费米（Enrico Fermi，1901~1954）最先提出的，他是1938年诺贝尔物理学奖的获得者。

该理论产生的背景是1945年7月16日的上午，世界上第一颗原子弹在美国新墨西哥州沙漠地区爆炸。

据说当时费米将自己的笔记撕碎了，把撕碎的纸片抛向空中，碎纸飘扬落地。费米通过心算得出了原子弹的能量。

之后，相关专家通过尖端仪器设备测量，用时数星期计算，证明费米的瞬时估算是准确的。

费米推理原意是指在极短时间内，以相关数字计算乍看之下摸不着头绪的物理量。之后不断发展，延伸为只要通过某种推论的逻辑，就可在短时间内算出正确答案的近似值。

目前，该思维方式已经风靡世界，被很多企业应用于面试方面。

费米推理的特点就是将复杂问题简单化，这是一种非常实用的思维方式。

费米经常运用该方法教育学生，他说，当你听到一个问题，可你对问题的答案没有头绪时，你肯定会认为被提供的信息或已知条件太少了，因而无法解决它；但是当这个问题被分解成几个次级问题，每个问题不用求教专家或书本都能解答时，你就接近于得到准确的答案了。

据说，有一次费米在芝加哥大学讲课时提出了一个古怪的问题：**芝加哥市一共有多少位钢琴调音师？**

学生们听后一脸茫然，费米提示学生们将问题“分解成一些便于操作的小问题，然后鼓起勇气做猜测和假设”。

利用费米推理，将该问题拆解为若干小问题：

芝加哥有多少居民？（大约 300 万人）

平均每个家庭有多少人？（4 人）

多少家庭有钢琴？（1/3，相当于 25 万架钢琴）

一架钢琴隔多长时间需要调音？（平均 5 年）

每年有多少架钢琴需要调音？（25 万架钢琴 ÷5 年 =5 万架）

每个调音师每天能为多少架钢琴调音？（4 架）

假设调音师一年工作 250 天，那么他每年大概需要为 250 天 ×4 架 =1000 架钢琴调音。

那么，芝加哥的钢琴调音师数量约为：每年 50000 架钢琴需要调音 ÷ 每个钢琴师每年能够调 1000 架钢琴 =50 位钢琴师。

这个数字准确吗？事后有人用电话号码簿进行验证，实际统计的结果与费米的猜测十分接近。

有人说在猜测过程中的假设数据可能并不准确，如每 6 户家庭有 1 架钢琴，平均 3 年需要调音一次……该理论认为，错误的估计往往相互补偿，其计算结果将趋向于相对正确的数字。

猜测过程中每一个问题的关键点都不会准确无误，但是在平衡律的作用下，多取一些这样的“点”，误差往往就会互相抵消。

个人认为，这是一种相对复杂的思维方法，初学者并不好掌握，但是可以利用该方法锻炼自己的思维能力。

Part 3

创意思维，你离改变世界还有多远？

你与天才的距离那么远、那么近，近到只差一个点子，远到差了一个银河系。先有蛋还是先有鸡？为什么就你想不明白！

行停法

这是由美国创造学家阿里克斯·奥斯本（A.F.Osbern）整理总结出的一种设问类型的创新技法。

通过“行”（go）——发散思维（提出创造性设想）与“停”（stop）——聚敛思维（对创造性设想进行冷静分析）的反复交叉进行，注重程序，逐步接近所需解决的问题。

行停法的具体操作步骤如下：

思考、列举与待解决问题相关联的要点因素：

“停”（stop）——对此进行详细的分析和比较；

“行”（go）——搜集解决问题所需信息；

“停”（stop）——如何得到这些信息；

“行”（go）——提出解决问题的所有关键点；

“停”（stop）——判断、确认最佳切入点；

“行”（go）——尽量找出验证的方法；

“停”（stop）——选择最佳的验证方法。

……

按照上述步骤循环往复，直至解决问题。

一位日本科研人员想要发明人工珍珠，采用的就是行停法，具体操作步骤如下：

列举与待解决问题相关联的要点因素：

如何打开蚌贝壳？

用何种物质将沙粒换为珠心？

把珠心投置于蚌贝内哪一处？

含着珠心的蚌如何饲养？

……

问题罗列出来之后，他开始搜集有关资料，进行冷静分析，并提出验证的方法。

接下来，他通过行停法不断提出问题、分析问题，直到最后解决问题。

这种方法在工作中也相当实用。例如，你是广告公司的策划，你们受北京电信的委托，需要在百度贴吧投放宽带广告。那么问题来了，贴吧那么多小组，你在哪里投放？

根据行停法一步步分析：

“停”（stop）——对此进行详细的分析和比较；

既然要投放宽带广告，一定要找那些跟网速有关的贴吧。

“行”（go）——搜集解决问题所需信息；

搜索“宽带”“网速”这些关键词，看看别人的广告是怎么打的，都用在什么领域。

“停”（stop）——如何得到这些信息；

通过网络搜索。

“行”（go）——提出解决问题的所有关键点；

在需要宽带支持的贴吧投放广告。

“停”（stop）——判断、确认最佳切入点；

在电影、美剧、游戏这类贴吧投放广告，因为这些是最需要保证网速的。

头脑风暴法

该方法有很多名称，如自由思考法、脑力激荡法、智力激励法等，是由美国创造学家亚历克斯·奥斯本提出的一种激发性的思维方法。它是一个横向思维的过程，主要通过找到创新的和异想天开的方案来解决问题。

头脑风暴法适合运用于群体决策的过程中，如会议过程中。参与者可以无拘无束地提问，这样更容易激发出灵感。

头脑风暴法有四点原则：

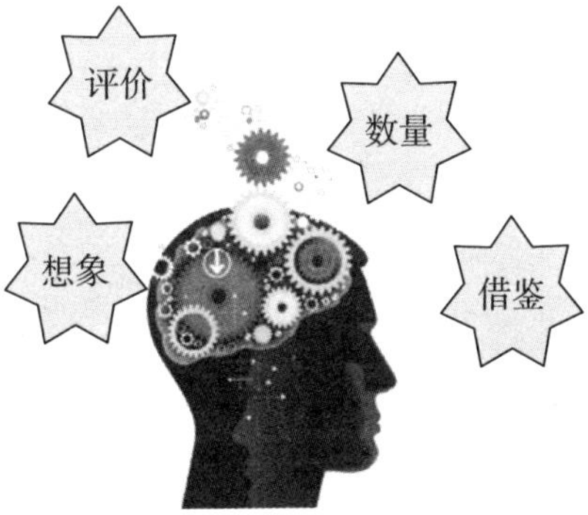

1. “胡思乱想”

你的想法要跳出平时的思维束缚，大胆想象，此为原则之一。比如，上楼梯这件事，你能想到什么？

楼梯是死的，不会动，人们爬楼梯很吃力。

如果楼梯“活了呢”？

也就是说，楼梯动，人不动，这样不就省力了吗？

于是，电梯被发明出来！

2. 会后评价

由于头脑风暴法被广泛运用于会议之中，如果在会上对他人做出评价，势必会引起讨论或者影响他人情绪，都不利于思路的延续。所以，即便是一些很愚蠢的想法，与会者也不能发表任何意见，有问题可以在会后表态。

3. 以量求质

你不是大师，也不是预言家，不可能每个点子都很高明，所以就要求与会者尽可能多提想法，用大量的设想来保证少数想法的高质量。

4. 思维便车

所谓思维便车，就是大胆借鉴他人的想法。灵感这种东西是没有专利的，完全可以在其他人的想法基础上加上自己的见解，这是一种省力的聪明做法。

《所谓情商高，就是会说话》这本书火了，然后很快就出现了一系列同类书：

《所谓情商高，就是会说话》（日常生活版）

《所谓情商高，就是会说话》（人际沟通圣经）

《所谓情商高，就是会说话办事》

《所谓情商高，就是会沟通》

……

在会议中使用头脑风暴法，主要有几个步骤：

确定主题→准备工作→提出设想→整理构思→事后评价

根据上述流程，我们来进行案例分析：

第一步——确定主题。如何在短时间内升职加薪？

第二步——准备工作。充分分析现状，如个人能力、发展前景、其他公司的薪水等。

第三步——提出设想。想法一定要大胆，不按常理出牌，否则你能想到的99%的人都会想到，成功的概率只有1%。

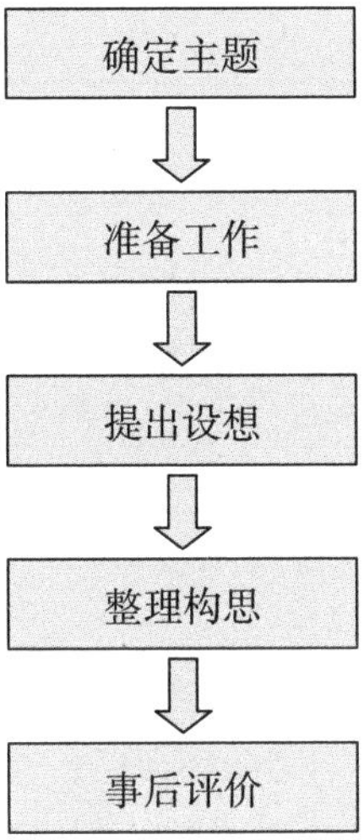

会议中使用头脑风暴法的五步骤

- 努力工作
- 加班加点
- 接私活
- 拍老板马屁
- 自己开公司
- 戒烟（这个想法开始有意思起来，并不是胡乱猜想；研究认为，加薪有助于戒烟，那么反过来想也可能成立）
- 老板借钱不还，与其讨价还价要求加薪，这样老板才能尽快还钱
- 给上级领导介绍对象
- 给上级领导介绍工作，他 / 她走了，自己顶上去

……

第四步——整理构思。如果你的脑洞足够大，肯定会产生很多奇奇怪怪的想法，其中大多数是不合理的。整理构思的步骤就是筛掉可能性低的选项，同时筛掉最常见、最普通的想法。

第五步——事后评价。最后一步是用来集体讨论的，选出最优想法。

心智导图

心智导图，也叫思维导图，这是一种表达发散性思维的有效图形思维工具，目前在全世界都非常流行。

很多人使用之后都有一个感觉，心智导图挺好玩的，但是没什么实际用处，而且有些麻烦，影响工作效率。所以，这款思维工具还没有被所有人接受，尤其是男人，认为制作起来太麻烦。

实际上，很多网站和很多 APP 可以在线制作心智导图，非常方便。如凹脑图，随便一搜就会出现很多类似的网站。

进入首页：https://aonaotu.com/，点击马上试用：

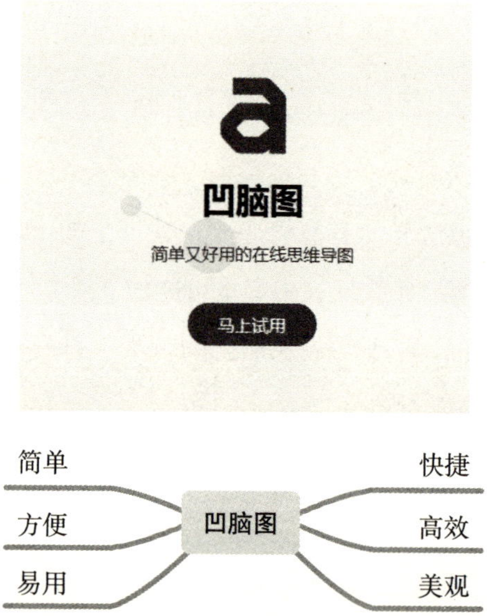

凹脑图

然后就可以开始制作心智导图了，非常简单，一点儿都不麻烦。我们讲这一节不是为了教你如何制作心智导图，而是让你学习运用这种思考方式。

心智导图最核心的部分就是发散思维，其次是记忆功能。我们之所以要通过心智导图的形式进行思考，不仅因为其一目了然，便于记忆，更主要的原因在于可以激发自己的发散思维，从而联想到更多内容。

以“每日工作计划”为例，制作一张心智导图：

每天早上公司都有例行晨会，以图形化呈现：

借助心智导图的形式，就很容易联想到更多内容，如晨会上应该说什么：

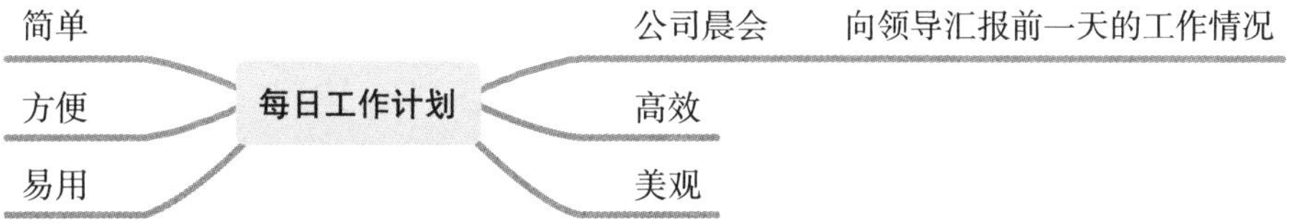

开完会之后，开始一天的工作，第一件事应该做什么？

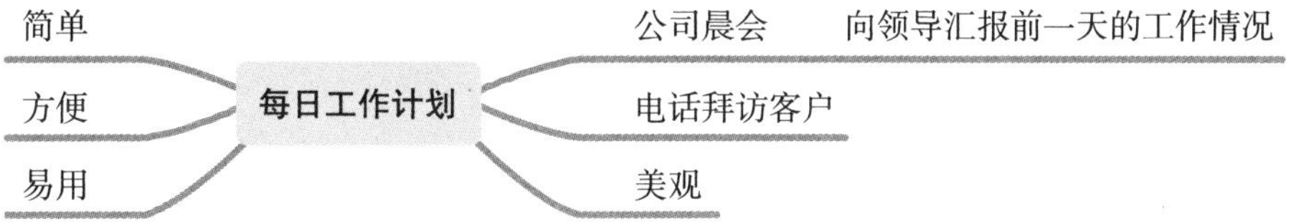

看到“电话拜访客户”选项，你就会针对不同的客户思考准备说什么、具体怎么说……

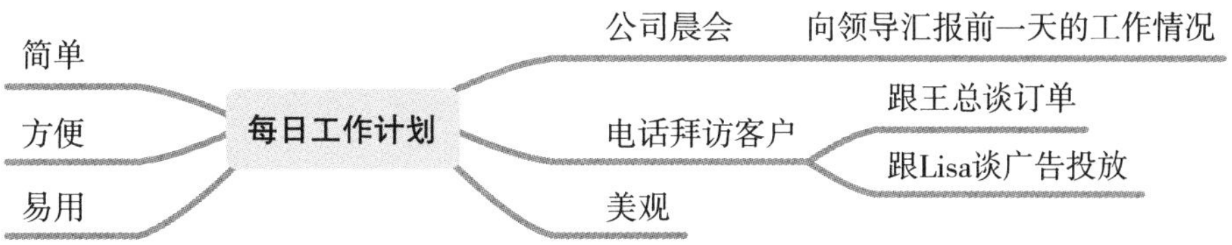

如果没有运用心智导图，你可能只想到联系客户，那么在具体都需要联系哪些人方面很可能出现遗漏。而拿起电话，你就会思考因为何事联系

对方，这样也会耗费时间。而如果以图形的方式呈现出来，就会一目了然。你只要拿起电话，看着心智导图，就知道该说什么了，非常高效。

点到为止，这一节不是教你如何去做心智导图，而是帮助你养成一种高效思考的方式。将你需要解决的问题做成心智导图，尽可能将想到的都列出来，那么每次看到这些线索，总会激发出新的想法，这就是发散思维的核心作用。

曼陀罗思考法

曼陀罗思考法最早由日本的今泉浩晃博士提出，以九宫矩阵为基础进行发散性思考。这种方法能够跳脱僵化的直线思考，从各个方面激发灵感。

曼陀罗思考法的优势在于：

1. 制订计划

2. 激发灵感

3. 视觉思考

使用方法：通过九宫格的形式呈现，因此也被称为九宫格思考法。在九个方格内写下笔记，以视觉化形式展现，有助于激发更多的创意。

九宫格

利用九宫格进行思考，能够有效将横向思维与纵向思维相结合，也就是说兼具广度与深度。

5W+ 九宫格

	what	
where	who	when
	why	

5W 与九宫格相结合，是曼陀罗思考法的具体应用形式之一，以个人规划为例进行讲解：

	What 写出一本畅销书	
Where 书房	Who 我的目标： 完成本书写作任务	When 90~120 天
	Why 分享多年总结出来的思考方法	

核心目标扩散法

核心目标与九宫格结合，指的是围绕核心目标进行思考，将更多的可能性列出来。

1. 晨会	2. 收发邮件	3. 联系客户
4. 制订市场方案	核心目标： 工作计划	5. 写报告
6. 拜访客户	7. 与领导沟通	8. 每日总结

曼陀罗思考法还可以运用在生活方面。比如，你准备做一顿丰盛的晚

宴，都需要准备什么呢？

按照九宫格的内容进行采购，就可以保证不会遗漏，其作用类似于采购清单，只不过这种视觉化的形式更加一目了然。

1. 红葡萄酒	2. 蜡烛	3. 玫瑰花
4. 蛋糕	做一顿烛光晚餐	5. 牛排
6. 鱼子酱	7. 沙拉	8. 三文鱼

有人说九宫格不够怎么办？可以随意增加表格，这也是曼陀罗思考法的特点之一，这样可以激发出更多灵感。如下图所示，可以在右侧与下方随意增加表格，变为十二宫格、十六宫格……

1. 红葡萄酒	2. 蜡烛	3. 玫瑰花	
4. 蛋糕	做一顿烛光晚餐	5. 牛排	
6. 鱼子酱	7. 沙拉	8. 三文鱼	

曼陀罗思考法运用领域非常广泛，掌握之后可以运用在生活与工作的诸多方面，非常高效。你只需要在纸上随意画出一个九宫格，然后按照思路填上具体内容就可以了。我们再来讲一个利用曼陀罗思考法进行自我介绍的案例：

Step1：首先确定核心目标，也就是准备介绍的内容。当画好表格、确定核心目标之后，思路就更明确了。下图就像一个填字游戏，你需要利用其他八个空格填上相关介绍，填不满也没关系，填不下则可以进行拓展。

1.	2.	3.
4.	未铭图书 一家专业策划 畅销书的机构	5.
6.	7.	8.

Step2：围绕“未铭图书”这个相关目标进行介绍，将重要标签填入九宫格内：

1. 资深图书策划人	2. 从事图书策划 10 年以上	3. 策划作品一度占据第一位置
4. 与中信、北大、法制、人邮等众多出版社合作	未铭图书 一家专业策划畅销书的机构	5. 旗下作者 1500+
6. 公众号	7. 畅销书介绍 《名创优品》 《世界不曾亏欠每一个努力的人》 《超脑思维》系列 ……	8.2018 年度计划 期待与更多原创作者合作，策划出更多优秀作品。

注意事项：

· 介绍要简洁，可以用贴标签的形式，罗列关键词即可。

Step3：选取重点标签进行介绍。例如，我选择介绍核心目标“未铭图书”：未铭图书是一家专业图书策划机构，成立于 2008 年，旗下 1500+ 作者，策划图书 500+。与众多优秀出版社合作，因选题创意性更强，原创度更高，策划出多本畅销书。

注意事项：

· 只选重点标签介绍，语言精简，而没必要每一个标签都介绍。

希望点列举法

希望点列举法是由内布拉斯加大学的罗伯特·克劳福特（Robert Crawford）发明的，这种思考方法很简单，通过不断提出希望，如“怎样变得更好？”进而探求解决问题和改善对策的技法。

此法是通过提出对问题或事物的希望或理想，使问题和事物的本来目的聚合成焦点来加以考虑的思考方法。

提出希望，然后将具体问题列出来，并给出解决方法。

在使用该方法时，分为三步走：

Step1：激发和收集人们的希望；

Step2：仔细研究人们的希望，确定“希望点”；

Step3：以“希望点”为依据，制定解决方法，以满足人们的希望。

通过希望点列举法，可以激发更多的想法，同时有助于厘清思路。

关于希望点列举法的案例很多，人们因为不断提出希望而做出了很多产品。

★投掷式手电筒

警察总是处于明处，而犯罪分子则处于暗处，警察在黑暗中搜索犯罪分子时，经常会暴露自己的位置。这样既给抓捕行动带来难度，也时刻威胁着自身的安全。所以，警察迫切希望能有一种只照亮别人又不暴露自己的手电筒。

提出希望，就会有人开始研究，意大利发明家阿尔贝托·卡博尼发明了一种六面发光的手电筒。它由橡胶构成主体，外形为正方体，六面各有一个灯泡和反射镜。

警察在使用时，可以把手电筒扔到可疑处，手电筒受到碰撞后自动接通电源，六面明亮的灯光便会照耀可疑点的四周。如果有犯罪分子藏在那里，就会暴露无遗。

★罐头

有人想过超市中摆着的罐装食品是怎么发明的吗？为什么要发明这种东西呢？时间来到1812年年底，拿破仑正在对沙皇俄国发动一场大规模的侵略战争。他率领 60 多万大军，一路攻打至莫斯科。

虽然拿下了莫斯科，但这里已是一座空城，而法军所带的食物都已经腐烂，士兵吃了变质的食物患了疟疾，病情迅速蔓延。

面对饥饿和疾病的威胁，拿破仑只好放弃莫斯科，下令回国，没想到途中遭到俄军的伏击，法军遭受重创。

想要征服世界的拿破仑意识到，食物问题如果得不到解决，会给行军带来很大的威胁，军队无法远征。所以，他向全国颁布一道命令：谁能让食品长期贮存而不变质，可得到巨额奖金。

希望点被提出之后，并没有马上得到解决，但 11 年之后，一位食品制造商尼可拉·阿培尔想到了办法。他发明了“加热杀菌”的方法，后来又解决了杀菌后密封的问题，即把食品放入铁罐或瓶子里后，密封住瓶口，使它不漏气。

这就是世界上第一瓶罐头，在战争、疾病、失败、奖赏的外部条件下促成的。

希望点列举法多用于企业研发产品方面，实际上也可以用来解决工作与生活中的实际问题。列出你所希望解决的问题，然后不断给出解决问题的思路，有助于激发创意，找到更多解决问题的方法。

Part 4

倒过来想，问题会不会更简单？

按常理出牌是导致多数人陷入平庸思维模式的原因。这个时代，我们需要的是反惯性思维，这样才能在芸芸众生中脱颖而出。

哈桑借据法则

这个法则源自一个有趣的故事。哈桑是一位商人，把钱借给了另一位商人，快到还钱的日子了，哈桑发现借据丢了，他意识到自己可能要不回借给别人的2000元钱了。

坏了，我把借据丢了，这家伙估计该赖账了！

哈桑很郁闷，向同为商人的朋友纳斯列金抱怨，并讲述了对方是一个爱算计的家伙，十分精明，这次可能要吃亏了。

“你不能告诉他借据丢了。”纳斯列金说道。

“为什么？”哈桑说。

“一旦你说明借据丢了，按照对方的性格，你的2000元钱肯定是要不回来了，至少不可能原数要回来。”纳斯列金继续分析。

“我有一个办法，你给他写封信，说欠款快到期了，让他赶紧还钱，连本带息2500元。”纳斯列金说。

“啊，本金都悬了，我哪里敢要利息？”

哈桑搞不懂了，自己丢了借据，可能一分钱都要不回来了，怎么还能多要500元？

纳斯列金让他放心，照办就行了。

虽然疑惑不解，哈桑还是寄出了这封信，很快便得到了回信：“我向你借的是2000元钱，不是2500元，当初没说有利息，到期我就把钱给你。”

兄弟，该还钱了

这是一种典型的逆向思维的方式。这个世界上没有人比商人更精明，哈桑明明只借给对方 2000 元，却多要 500 元，欠钱的商人马上急眼了，表示到期就会归还当初说定的 2000 元。

这里面其实是一种讨价还价的心理，在心理学上，有一种效应叫作得寸进尺效应，这就是该效应的逆向思维。

得寸进尺效应也叫登门槛效应，指的是一个人如果接受了别人的一个小要求，那么别人在此基础上再提一个更高点的要求，这个人也会倾向于接受。

反过来想，如果提出了一个过分的要求，对方不会接受，但如果降低要求，对方会觉得捡了便宜，倾向于赶紧接受。这就是一个讨价还价的心理博弈过程。

哈桑平白无故向对方多要 500 元，对方就会产生急躁情绪，也就根本不会想到借据的事了，想着尽快澄清并归还本金，免得被对方讹诈 500 元利息，这就是心理博弈。

这一招在谈判过程中也很有效，每个人都会担心对方提出更过分的要求，所以如果有一个合理的、可以接受的条件，一般倾向于迅速成交。利用对方的这个心理特点，你可以这样做：

1. 提出一个过分的要求。这个过分的要求是建立在原有约定的基础之上，如对方欠你 3000 元，你希望对方多给你 500 元利息，这个要求显然超出了约定的范围。

2. 再提出一个折中的方案。对方显然不会同意多给你 500 元，这样就会陷入争执，这个过程中你一定要表现出一个坚定的态度，就好像是你占理一样，给对方施压。之后，当你看到对方的态度也很坚决时，给出一个折中方案。根据得寸进尺效应的逆向应用原理，对方就会倾向于接受之后的条件。

智商不够？借别人的试试

听说过借钱、借东西的，很少听到借智慧的。实际上，真正精明的人不借钱，只借智慧，因为他们很清楚，一个人的智慧是有限的，当自己没有想法的时候，不妨听听其他人的建议。

然而，别人的好点子是不会轻易分享的，怎样才能借到别人的智慧呢？先看一个故事：

有一个农民在清理自家后院时挖出来 200 多个破旧的盘子和碗，听村里人说可能是古董，很值钱，他也不懂，就想问问到底值多少钱。

这个农民没有贸然去找古董商贩问价，因为商贩肯定会问他想卖多少钱，很容易被骗。为了让利益最大化，这个农民倒过来想问题，让别人给他出价。于是他到市场上放出消息，说家里刚刚挖到一批古时候的盘子和碗。

很快，一批古董商闻讯而来。这天，农民拿出来几个破盘破碗，摆在地上，他让古董商先挑，并没有报价，而是说道："慢慢挑，挑好了再谈价钱。"

古董商选得很仔细，最后挑出来五个小盘子，说道："这几个盘子一共多少钱？"

农民反问道："你打算出多少钱？"

古董商说："一个盘子我给你 200 元，一共给你 1000 元。"

农民听后琢磨了一下，心中似乎有数了，结果他说道："不卖，一个盘子 1000 元！"

古董商一听，骂了两句就走了。

看到这里你应该明白了，农民根本没想卖给古董商，而是希望从他嘴里套出价格。这次他知道了底价，之后他又用同样的方法套出了上限。

前前后后来了很多古董商，农民用这个方法确认了这批破盘子破碗的精准价值，设定了一个合理的区间，并最终以最好的价钱将这些值钱的东西出手了。

"我这个碗可是乾隆年间的，您看看值多少钱。"

这个农民很精明，他虽然对古董一窍不通，但是很善于逆向思考，诱导专业人士给出定价，也就是巧借他们的智慧让自己实现利益最大化。

在工作与生活中，这是非常实用的技巧。你不可能什么都懂，也没时间学习这么多知识，但是可以通过简便的方法掌握你需要的内容。

有时候，你可以不按常理出牌

当年，富兰克林·罗斯福在参加美国第32任总统选举时发生过一件事，现在看起来很有趣，在当时却可以说是一次不小的危机。

事情是这样的，竞选团队为罗斯福精心制作了一本宣传画册，其中有一张照片没有版权，而该团队的工作人员直到付印一周前才发现，临时修改已经来不及了。这张照片的肖像权是罗斯福的，但是版权属于那家照相馆。

要知道，侵权在美国是严重的违法行为，如果这张照片被发现侵权并被起诉，将会给罗斯福的信誉造成严重影响，直接危及本次选举。毕竟，一个没有诚信的人，怎么能领导整个美国呢？

当时，竞选团队认为唯一的解决办法就是与照相馆商谈，让他们同意授权，然而对方势必漫天要价，因为这本宣传册的价值太大了。

一时间，整个团队陷入被动境地，他们将这件事告知罗斯福本人。没想到，罗斯福很快想出了办法，他并没有按照常规思路考虑，而选择不按常理出牌，让团队成员非常吃惊。

罗斯福说道："我们不会替换掉照片，也不找照相馆谈，而是让他们主动来找我们。"

此话一出，大家都非常困惑。

罗斯福进一步解释道："你们下发一个通知，就说为了制作竞选画册，将选取一些对总统本人很重要的照片，包括贵照相馆在内的很多家照相馆都在备选之列，为此我们将进行一次竞标，出价最高的那家将入选。”

竞选团队听后就明白了，纷纷惊叹于罗斯福头脑的灵活，于是开始准备竞标工作。

当地的照相馆听说之后，纷纷前来竞标，因为他们很清楚，一旦被选上，将是一次绝佳的宣传机会，将会带来丰厚的广告收益，于是不惜开出重金竞标。

那家拥有罗斯福照片版权的照相馆开价不是最高的，但是不出所料被竞选团队选中，这样顺理成章签了协议，版权问题解决了。

罗斯福不按常理出牌，不仅没花一分钱，还让竞选团队收到了一张照相馆的支票，其智慧让人佩服。

逻辑思考能力很重要，但有时候按照正常的逻辑办事并不能解决问题，因为所有人都是这么想问题的。

竞标是一种很常见的商业行为，我手里有活儿，需要找一个性价比最高的公司完成项目，如果我一家一家去谈，势必耗费很多时间与精力，不如告诉这些公司，让他们准备一份竞价方案，性价比最高的公司将会获胜。这样一来，我就节省了时间、精力，而且不会花冤枉钱了。

这就是逆向思考。今天人们很容易理解，在当时却是一种高明的策略，是少数人才能想到的方法。

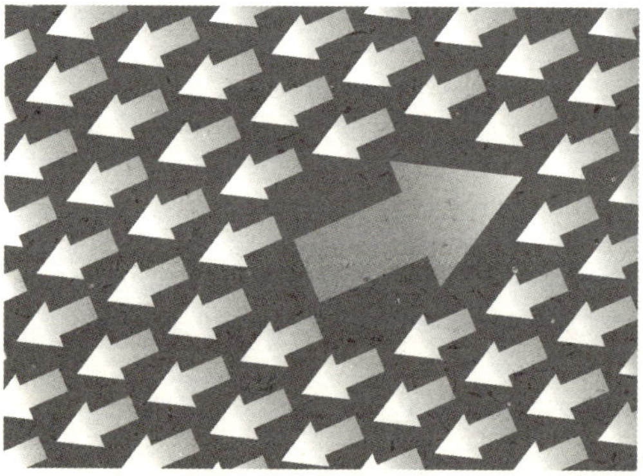

逆向思考

逆向思维在工作中发挥着重要作用，如果你总是按常理出牌，谁都能轻易猜出你的套路，也就是说你很难脱颖而出。想要超越众人，你就要敢于逆向思考，不按常理出牌，有时候会取得意想不到的成绩。

试想，如果你是一位销售员，去一家小超市推销产品，按常理来说你需要递上名片，如果有机会简单介绍一下公司以及产品，但是每天都有无数推销员拜访，超市老板很可能收过名片就不再搭理你了。

转身就走？你可以转行去做别的事了！

死缠烂打？小心老板破口大骂！

你需要的是逆向思考能力，不要关注自己的需求，而是关注超市老板的需求。

超市老板最想要什么产品？

当然是好卖的商品，能赚钱的商品！

确定了超市老板的需求之后，换一种说法与其沟通，结果就会完全不同。

不出所料，超市老板可能头也不抬地问你："哪家公司的，推销什么呢？"

这时不要急着递名片、报产品，你可以这样说："老板，我是来帮你发财的。"

虽然听起来可笑，但是大多数人会打趣地问一句："怎么帮？"

这就表示对方有兴趣，你可以继续往下说了。

咱们是海滨城市，旺季马上来了，我看你店里的产品比较单一，我是来帮你补充新款式的……

接下来，只要超市老板有需求，就会跟你详谈。实际上，你只是倒过来从超市老板的需求想问题，一切就变得轻松了。

方位逆向思维法

方位逆向思维法实际上就是一种换位思考法，站在对方的角度思考问题，这是逆向思维的一种方式。

一位老人本来过着平静的生活，每天午后都要睡上一个小时，直到有一天，他的后花园来了一群淘气的孩子，这些小孩也不知道怎么发现了这个地方，于是每天都会跑到这里玩，有时候还会点火取乐。

老人没办法午休了，同时担心自己的花园被烧掉，于是他耐心地跟这些孩子讲道理。本以为这些孩子会乖乖听话，没想到第二天他们变本加厉，吵闹得更厉害了。

老人生气了，第二次找到他们，并严厉地提出了批评，没想到几个孩子转身就跑了。

捣蛋的熊孩子们

老人以为吓唬住了几个小家伙，可第三天他们又回来了，这一次折腾得更厉害了，而且带有明显的针对性，甚至将石子扔到老人的花园里。

老人发现这样沟通不是办法，于是想到了自己当年的样子。自己小时候也是一个调皮捣蛋的家伙，别人越是不让做什么，他越是要对着干。

通过换位思考，老人想到了一个妙计。第四天的时候，老人拿着一些糖果出来，分给了这些孩子，并表示自己希望跟他们一起玩，如果他们愿意陪自己玩，除了糖果，每人每天还会得到 1 美元。如果玩得好，每天还会比前一天多得 1 美元。

孩子们高兴坏了，就这样一直持续了七天，每一天孩子们的收入都在增加。他们玩得可起劲了，甚至把这件事当成了工作。

然而从第八天开始，老人没出来。孩子们非常失望，找到他问为什么。

老人表示，自己玩够了，看着他们玩就行了，不过每天不再多给钱了，而是逐渐减少。

孩子们的收入变少了，又一周过去了，他们每天只能收到 5 毛钱了。

几个小家伙商量：这可不行，明天我们就没钱了，只能收到糖果了，绝不能便宜了这个老头。我们不能免费陪他玩，明天我们就不来了，谁稀罕他的糖果！

结果，这些孩子再也没有来过。

故事中的老人利用的就是方位逆向思维法，通过站在孩子们的角度思考问题，最终找到了对付他们的办法。

方位逆向思维法的核心在于换位思考，此外就是多次换位的过程。也就是说，你不能只进行“一次逆向换位”，必须根据情况多次换位。因为在沟通过程中，对方也会根据情况采取方位逆向思维法，他们也会站在你的角度考虑问题，所以你必须仔细分析对手的心理状况，然后多次换位，才能在心理博弈中占据上风。

例如，上面的故事中，老人在第一次换位思考之后，选择给孩子好处的方式，那么孩子们的心理也会发生变化，认为这个老头还不错，就陪他玩会儿吧。

如果老人一直持续奖赏行为，甚至与孩子们成为朋友，就无法达到自己的目的了。他必须了解孩子们的心思，然后再次换位，提出不再给予奖赏，这样就占据了上风。

实际工作中，当你与他人沟通时，这种方式也很重要，考验的是你的同理心。举个例子，领导开会时发飙，说这个季度的业绩不达标，让每个人发表意见。

这时如果你站在自己的角度回答问题，无论是否存在客观因素，肯定都会被领导臭骂一顿。你需要逆向思考，了解领导明显是在发泄不满情绪，最不需要的就是借口，主动承认错误能够将矛盾最小化。

假设你是第一个发言的员工，你可以这样说："这个季度的业绩不理想，我有很大责任，这个月我会加班加点，多跑客户，争取下个季度将业绩搞上来。"

听到这样的话，领导的情绪会有所缓和，但是并不会彻底消气，肯定还会继续批评，只不过语气有所缓和。

这时需要再次进行逆向思考，不要再"喊口号"，而是给出具体的思路，因为表忠心、喊口号谁都会，但领导最需要的是具体的解决办法。

你可以这样说：这个月我增加了拜访频率，每天多打 5 个电话，多拜访两个客户。另外跟现有的客户多联系，看看他们是否可以多给一些订单。

领导的情绪在变化，每一次逆向思考都建立在洞察对方情绪的基础之上，这样才会起到作用。如果仅做一次逆向思考，认为领导消气了，就再次空喊口号，反而会再次惹恼对方。

因果逆向思维法

因果思维是一种传统的思维方式，可以解决大部分问题，但有些时候，当因果思维行不通的时候，就可以采用逆向思考的方式，这就是因果逆向思维法。

当年印度有一个地区毒蛇泛滥，民怨四起，政府也没有好办法，于是颁布了一道命令，发动百姓自发治理。政府发布悬赏，每杀死一条毒蛇就能获得奖励。

这是典型的因果思维：因为毒蛇泛滥，所以悬赏治理。

这条法令颁布之初非常奏效，民众为了获得奖赏，开始想办法杀死毒蛇。然而没过多久，民众发现最有效的方法就是“以毒攻毒”，于是开始纷纷养起毒蛇。

这就是因果逆向思维法，民众通过逆向思考，发现“以毒攻毒”的效果最好。

政府意识到这个情况之后，无奈之下取消了奖赏。结果，人们纷纷把家里没用的毒蛇放生，导致最终毒蛇的数量比悬赏之前更多。

政府利用因果思维解决问题，民众运用因果逆向思维解决问题，最终问题又回到了起点。

无论生活还是工作中，很多时候因果思维是无法解决问题的，这就需要改变思考问题的角度，倒过来想想，可能就会出现转机。

“以毒攻毒”就是最典型的因果逆向思维法，健康的人谁会傻到去吃毒药呢？不可能！但是如果是一个病入膏肓、无药可救之人，你告诉他喝毒药可能还有一线生机，他是一定会乐于尝试的。

如果不吃也是死，吃也是死，但吃可能还有一丝希望，你会怎么选择呢？

双重因果逆向思考，结果又回到了起点

有时在临床中，医生也会使用典型的逆向因果思维法，在所有常规方法并不见效时，只有铤而走险，“以毒攻毒”。

综上所述，我们在处理问题时，可以先采取常规的因果思维法，一旦发现该方法不能解决问题，就可以采用逆向因果思维法。

心理逆向思维法

心理逆向思维法指的是跳出自身的思考局限，分析对手心理，从而逆向行动，实现自己的诉求。

据说早年间土豆刚刚传到法国时，农民并不愿意种植，有聪明人分析了当地农民的心理：他们不愿意接受新鲜事物，因为种植自己不熟悉的土豆可能有风险，带来损失。

于是，政府为了激发农民的种植热情，采用了心理逆向思维。他们找人在试验田种植土豆，派出重兵日夜把守。

农民一看，认为一定是非常珍贵的东西，于是找机会溜进试验田，偷回了一些土豆种在自家的地里。渐渐地，土豆成为法国农民广为种植的一种农作物。

这就是心理逆向思维法，通过分析对手的心思，逆向行动，最终实现自己的诉求。

重兵把守土豆

一切禁止都意味着加强，这是人性的特点，逆向思维一定要建立在人性的基础之上。

美国广告界流传一个说法："定位就是要学会逆向思维。"如果人人都往东走，你试着往西走，看能不能找到你要找的位置。

唯有摆脱固有的思维模式，才可能实现创新与超越，正所谓“即使身在地狱，也有一条通往天堂的路。”

心理逆向思维法在生活中运用很广泛，操作也很简便，你只需要揣摩并分析对方的心理，然后倒过来想问题。

举例来说，我们小区楼下有一块免费足球场，小区里面的部分业主每周六都会在下午三点过来踢球。我发现一个很有趣的现象，来得最晚的恰恰是住得最近的人。

例如，有几个人就住在球场边上，从下楼开始计算，走到球场只需要5分钟，可是他们每次都迟到10分钟左右。

如果按常理分析，肯定不能理解，有些人离球场比较远，可是他们每次都提前20分钟到达，为什么离家近的人却总是迟到呢？

如果你利用心理逆向思维法便很容易理解了。因为离家近，所以没必要提前出门，每次到点了才开始换衣服，结果每次都迟到。

为什么不到最后一分钟，什么事也做不成？

为什么朋友来来去去，敌人只来不去？

为什么越烂的车开得越疯狂？

为什么“请勿浪费”的警示不如奖赏提示？

为什么跑得快的人不一定能赢得比赛？

为什么路边果树上剩下的果子是烂的？

……

日常生活中的很多现象都可以用心理逆向思维法解释，我们只需要先分析对方的心思，然后反对方的思路而行事，就可以轻松理解并解决问题。

缺点逆向思维法

这种方法很容易理解，“你的缺点即你的优点”。也就是说，从缺点中发现它的优势。

有人说，缺点有什么可利用的？

这里是一个相对的概念，如性格，有人觉得内向性格是缺点，但是它也有优势，如沉稳、善于思考、同理心强等。

美国内布拉斯加大学的一项研究还显示，某些消极性格甚至可能激发一些特殊才能。比如，性格多疑的人虽然不合群，但他们善于观察、思考，在从事一些烦琐任务时，往往完成得相当出色。

天生攻击性强的人，虽然性格鲁莽、爱惹麻烦，但放在团队中可以调动大家的积极情绪，适合成为团队的“开路先锋”。

还有依赖性强的人，这类人缺乏进取心，但是作为助手却非常合适，工作安稳，有助于增强凝聚力。

……

缺点逆向思维法就是一个缺点逆用的过程，在实际工作中的用处很大。假如你是领导，面对刚毕业没有工作经验的、什么都不懂、什么也不会的大学生，这样的下属有什么用呢？

你可能只会想到一点优势，那就是薪水低。

利用缺点逆向思维法，你可以这样想：

没有工作经验可以教，而他们又愿意学，所以对于加班加点干活没有怨言；

初入职场还没有形成一些不良习气，所以会服从领导安排，也就是说比较听话；

现在的大学生学习能力强，相对于老员工来说更加积极，只要耐心培养，很快会超过不思进取的老员工。

……

只要你想，一定会找到对方身上的闪光点，这就是缺点逆向思维法的作用。

看一个故事：

从前有一个相貌丑陋的国王，他在战争中瞎了一只眼睛，腿也瘸了，样子十分吓人。一次，他召集宫廷中的画师为他画像。

第一个画师喜欢耍小聪明，所以画了一个不瞎不瘸不丑的国王，画像中的人物看起来英俊威武。结果国王看后很生气，将画师臭骂了一顿；

第二个画师脑子不灵活，看到前面画师挨骂了，心想那就照实画吧，没想到国王看到真实的自己之后更生气了，下令将第二个画师暴打了一顿；

轮到了第三个画师，由于已经有了前车之鉴，画师非常慎重地考虑再三，利用逆向思维分析国王的心理，于是画了这样一幅狩猎图：只见国王一条腿蹲在地上，举枪瞄准远处的野兽，这样瘸腿看不出来，瞎了的那只眼刚好闭起来用来瞄准。

看完画作之后，国王惊叹不已，赏给第三个画师千两黄金。

第三个画师用到的就是缺点逆向思维法，他将国王的缺点转变成优点，从而得到了赏赐。

来看看缺点逆向思维法的实际操作：

1. 确定目标对象；

2. 分析对象的优缺点；

3. 逆向思维，认真分析每一个缺点，寻找缺点与优点之间的联系，分析化弊为利的可能性。

打猎的国王

举例讲解：

无论是摄影人员还是摄影爱好者，在拍摄集体照时总是先数“3、2、1”，目的是让所有人保持姿势，便于拍照。然而很多人还是坚持不住眨了眼，所以不得不重新拍摄。

按照缺点逆向思维法，你能想出一个让被拍摄者不眨眼的主意吗？

1. 确定目标对象——“使大家在按下快门前不眨眼”；

2. 分析事件的优缺点——人的眼睛需要通过眨眼来补充水分，这是必然存在的缺点；

3. 逆向思维，针对这一缺点，其反面就是闭上眼睛。

那么答案出来了：摄影师可以让被拍摄者先闭上眼睛，在听到“3、2、1”的口令之后再一起睁眼。

Part 5

让效率翻倍的笔记思维法

做笔记谁都会，目的不同，效率也不一样。有人不知道为何做笔记，有人将做笔记当作思考方式；有人做笔记耽误时间，有人做笔记节省时间。你呢？会做笔记吗？

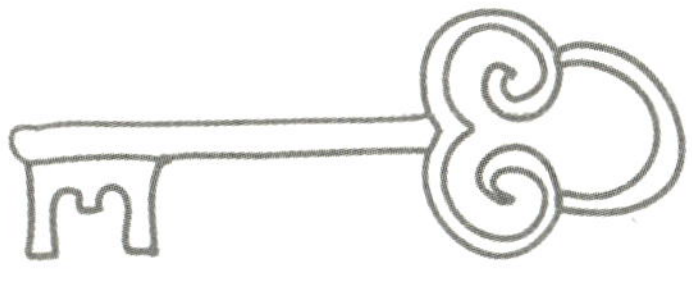

做笔记，怎能没有便利贴？

便利贴

便利贴的面积不大，但是作用不小，做笔记时绝对不能少了它。有些人根本没有意识到便利贴的作用，结果遗漏了很多细节；有些人习惯在做笔记时拿着一沓便利贴，这样则比较麻烦。

我的方法是提前将便利贴粘贴在笔记本或笔记本封皮的内页，以备不时之需。

便利贴的作用就是记录各种信息，主要有以下几种用法：

1. 检索信息时使用的细长形便利贴

这类便利贴可以粘贴在笔记本的右边，它的一半是有胶的，没有胶的一半则可以露出笔记本外，这样就成了一个固定的“书签”。

细长形便利贴

这种便利贴相当于笔记本的目录，我们可以记录名称、日期等，方便查阅。

由于这类便利贴一般颜色鲜艳、比较显眼，我们在阅读笔记的时候就会下意识关注它，从而起到提醒的作用。

我之前不习惯使用便利贴，有时候翻阅笔记想要查点东西，就需要从头翻到尾，浪费了不少时间，有时候事多，还会引起情绪波动。

我之前不愿意用便利贴做索引，是因为嫌麻烦还要自己动手贴，但是后来发现，每一次查阅都不方便，浪费的时间早就超过了制作便利贴的工夫，所以建议读者在做笔记的时候就顺手把目录做出来，今后可以节省很多时间。

2. 记录信息的方形便利贴

一些临时的想法、琐碎的信息并不适合写在本子上，因为不美观，而且只是临时信息，随后就没用了。

这时就可以用到便利贴，记在上面，没用了就随手撕掉。

有些信息可以重复利用，记在便利贴上方便粘贴到其他页面。

方形便利贴

空行思维

很多人做笔记时喜欢将本子写得满满当当，一点儿空隙都不留下，这样感觉很有成就感。实际上，这样的笔记并不利于翻阅，因为你很难找出重点。这样做笔记，即便你的笔迹工整，在查阅资料时也会很麻烦，如果字迹潦草，那么翻阅起来就是一件很痛苦的事。

一页完全没有空行的笔记，很容易给阅读的人造成心理压力，因为不知道从何处下手，只能从头读，如果读到重点的地方，想要做笔记，都找不到空当，这样就会遗漏重要信息。

可见，做笔记的时候空行是多么重要。下面就让我们学习一下如何空行：

首先，在重点内容前后，我们可以各自空一行，将重点内容单独写在中间。

这是为什么呢？由于我们的注意力有限，习惯于聚焦在内容稀少的地方，所以重点内容前后应空出一行，这样就可以有效吸引我们的注意力。

为什么总结性的内容文字都不多？就是这个道理，人们希望在短时间内了解一段话，自然会先看总结性的内容；反过来理解，因为总结性的内容文字较少，也会吸引人们最先关注这里。

其次，在段落之间空行。

这是写书时很常见的做法，做笔记也是如此，其中的技巧就是，在两段不同的内容之间空行，而没必要每一段都空行。

例如，第一、第二段讲述学习理论，第三、第四段讲述具体方法，那么在第二段与第三段之间采用空行。这样做就是为了避免混淆，提高注意力。

再次，如果你的笔记需要多次记录、修改、批注，可以每隔两行到三行就空一行。

由于经常需要修改，就要多留空行，否则没有空间进行批注。

最后，每个标题都独占一行，不要在标题后面直接书写内容。

标题独占一行的效果就相当于空行，这样能够引起注意。

做笔记不能过于紧凑，空行、留白都是非常重要的技巧，在空行之余，多穿插图表、树状图、流程图等方式，让笔记更加丰富，你的知识才能理解得更透彻、内容才能记得更迅速。

康奈尔笔记法

康奈尔笔记法也被称为 5R 笔记法，该笔记方法出自康奈尔大学，故得此名。康奈尔笔记法是记与学、思考与运用相结合的有效方法，它的步骤包括记录、简化、背诵、思考和复习。

康奈尔笔记法采用的是“黄金三分法”，就是按照逻辑惯例将笔记内容分为三部分，长期练习有助于形成高效的思考模式。

康奈尔笔记法在结构上分为“主栏”“副栏”“总结栏”，其中右侧为主栏，主要是笔记的具体内容；左侧为副栏，通常作为提纲。最底下是“总结栏”，用来整理总结性内容。

模板

康奈尔笔记法的 5 个步骤：

1. 记录（Record）。在听讲或阅读过程中，将重点内容记录在主栏（右栏）；

2. 简化（Reduce）。会后及时将记录内容简化，写在副栏（左栏），作为提纲，也称为回忆栏；

3. 背诵（Recite）。把主栏遮住，只看副栏的摘要提示，尽量叙述会上提到的内容；

4. 思考（Reflect）。通过对会议内容的理解，总结出对自己有用的内容，如之前讲到的涉及自身的“与我相关”“我的目标”版块，将这些内容放在总结栏；

5. 复习（Review）。每周花十分钟左右时间快速复习笔记，通过副栏的摘要回忆出主栏的具体内容。

案例精讲——如何利用康奈尔笔记法做好会议记录

开会时经常需要记录，迅速将老板、领导讲的内容记下来，会后才能进一步整理，付诸行动。按照康奈尔笔记法的五个步骤进行讲述：

第一步记录，总结出重点内容并记录在主栏（右栏）。

业绩不好，老板发飙了；

销售部开始实行末位淘汰，三个月不开单自动走人；

业务员底薪降至 2500 元，提成提高 1 个点；

创意部进行评比，每月刷掉一个人转做文员；

公司下半年业绩至少上升 20%，否则取消双薪。

第二步简化，做成提纲写在副栏（左栏）。

压力；

我该如何完成业绩指标？

如果完不成面临转做文员的风险；

销售部的同志们倒霉了。

第三步背诵，由于内容不多且形势严峻，涉及自身利益，很快记住了。

第四步思考，这部分内容放在“总结栏”。

第五步复习，每周都翻看笔记，给自己压力。近期销售部同人一个个被开，我要还想在这里混，就必须更拼才行。

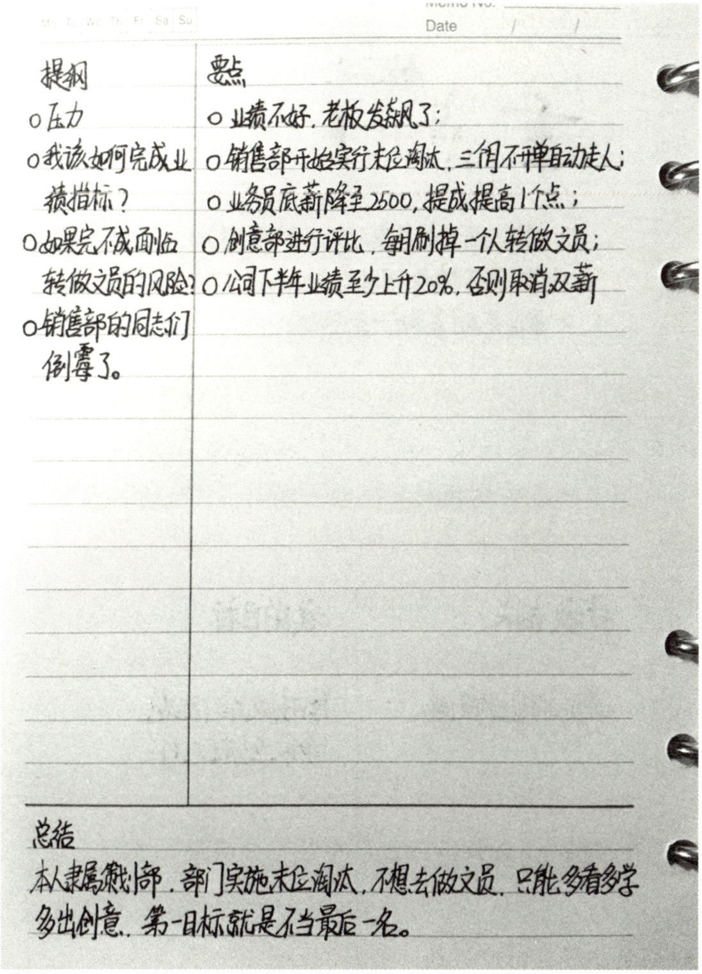

关键词笔记法

该方法又被称为“左脑式关键字笔记法”，指的是通过记录关键词，回顾之前记录的内容。在笔记本上划分两个区域，在笔记本的右侧约四分之一处画一条直线，这一栏是“关键词区”，左边是“笔记区”。具体方法就是从“笔记区”挑选出关键词写进右侧。

下图是《手账哲学》一书中的截图：

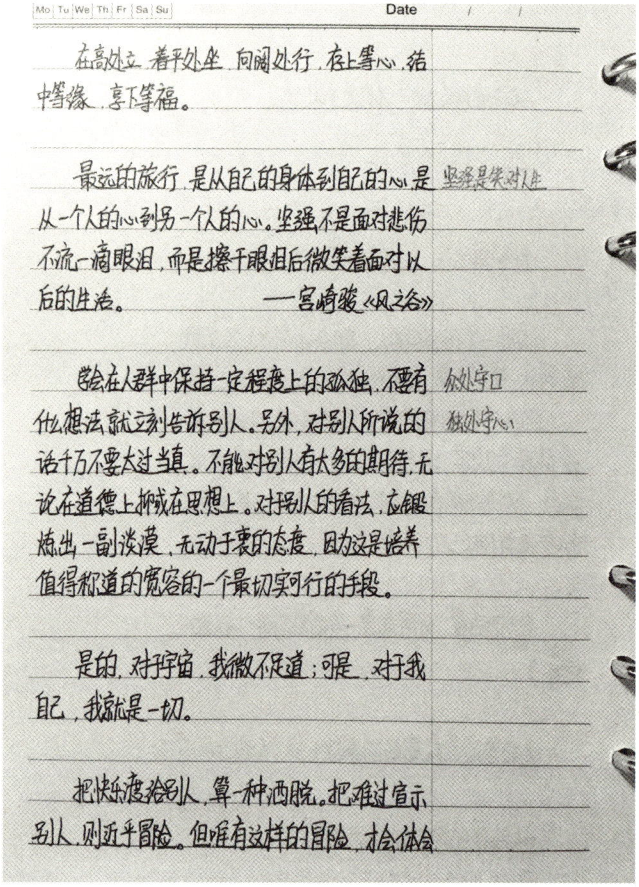

Mo Tu We Th Fr Sa Su Date / /

在高处立，着平处坐，向阔处行，存上等心，结中等缘，享下等福。

最远的旅行，是从自己的身体到自己的心，是从一个人的心到另一个人的心。坚强不是面对悲伤不流一滴眼泪，而是擦干眼泪后微笑着面对以后的生活。——宫崎骏《风之谷》

坚强是笑对人生

学会在人群中保持一定程度上的孤独，不要有什么想法就立刻告诉别人。另外，对别人所说的话千万不要太过当真。不能对别人有太多的期待，无论在道德上抑或在思想上。对别人的看法，应锻炼出一副淡漠、无动于衷的态度，因为这是培养值得称道的宽容的一个最切实可行的手段。

众处守口

独处守心

是的，对于宇宙，我微不足道；可是，对于我自己，我就是一切。

把快乐渡给别人，算一种洒脱。把难过宣示别人，则近乎冒险。但唯有这样的冒险，才会体会

做笔记容易，但是记住所写内容不容易，因为记录的速度往往较快，来不及仔细思考，如果记录完毕之后从头到尾看一遍，势必会浪费时间，这时因为之前有印象，如果看到一两个关键词，就会想起当时记录的大致内容，节省了时间。所以，这也是很多高效能人士广泛采用的方法。

现在的文章也是如此，大家都很忙，没时间看你的长篇大论，所以一些文章会标出重点语句，有助于读者快速阅读，效果跟笔记中提炼关键词类似。

关键词笔记法可以在短时间内找到重点，有效提高效率。关键词的数

量设定也有技巧，如果设定太多就不叫关键词了，设定太少又无法理解记录内容的意思。需要经过长时间练习，找到设定关键词的要点。

此外，还需要掌握一些设定方法：

1. 通过关键词带出关键句，通过关键句带出整篇内容的大意；

2. 关键词要有索引、提示的功能，从而引出对文章的全部记忆；

3. 关键词要能够激发想象力和联想力；

4. 避免抽象、范围过大的关键词，如“美好”“全稿”；

5. 关键词要有特殊性，有色彩，有感觉，容易想象，能在脑海中留下深刻印象的才能作为关键词。

了解完关键词笔记法的要点之后，试着做一份阅读笔记进行练习。以下是马云 2001 年的一次演讲：

创业初期，不仅需要公司英雄，更需要团队英雄。最好是唐僧团队。

中国人认为最好的团队是“刘、关、张”的团队，还有赵子龙、诸葛亮，这样的团队真是“千年等一回”。

我们认为世界上最好的团队是唐僧团队。唐僧是领导，也是最无为的一个，唐僧迂腐得只知道“获取真经”才是最后的目的，孙悟空脾气暴躁却有通天的本领，猪八戒好吃懒做但情趣多多，沙和尚中庸但是任劳任怨挑着担子，这样的团队无疑比“一个唐僧三个孙悟空”的团队更能够精诚合作、同舟共济。

这就是团队的精神，有了猪八戒才有了乐趣，有了沙和尚就有人担担子，少了谁也不可以。团队成员互补、相互支撑，关键时也会吵架，但价值观不变。我们要把公司做大、做好。阿里巴巴就是这样的团队，在互联网低潮的时候，所有的人都往外跑，但我们是流失率最低的。

根据上述内容，采用关键词笔记法进行练习：

左侧笔记区记录的内容：

1. 创业初期需要团队英雄，最好的团队是唐僧团队；

2. 唐僧团队配置合理，成员互补、相互支持是关键；

3. 团队成员会有争吵，但价值观不变；

4. 阿里巴巴就是唐僧团队，流失率最低。

右侧筛选出来的关键词：

1. 唐僧团队；

2. 配置合理，支持互补；

3. 相同的价值观；

4. 阿里巴巴流失率低。

思维导图笔记法

思维导图作为一种开创性思维工具，已经广泛运用于各个领域，如项目管理、读书笔记、日程安排、商业计划等。

利用思维导图做笔记，也是提高工作效率的一种方法，因为思维导图的优势明显，可视化、结构清晰、便于记忆思考、有助于发散思考。

在用思维导图做笔记时，遵循核心七步。我们用一周计划为案例进行讲解：

第一步，确定主题。

将主题放在笔记正中央的位置。

第二步，确定“关键词”。

“周计划”就是关键词，放在核心主题的位置。

第三步，由核心主题向外扩张出副主题。

第四步，每个副主题都有几个主要分支。

第五步，每个分支都用一个关键词表达。

第六步，尽量为每个概念配图，让笔记更加形象化。

第七步，多使用符号、颜色、文字、图画和其他形象。

下面是一周的工作计划：

周一：例行晨会、整理邮箱、制作计划书；

周二：电话拜访、接待客户、处理文书；

周三：制作 PPT、跟领导拜访客户、撰写计划报告；

周四：组织会议、构思剧本、开选题会；

周五：制订下周计划、人际建设、与客户吃饭；

周六：健身、购物、看电影；

周日：带孩子上课、公园慢走、烛光晚餐。

按照思维导图笔记法的步骤整理之后，就成为下图的样子：

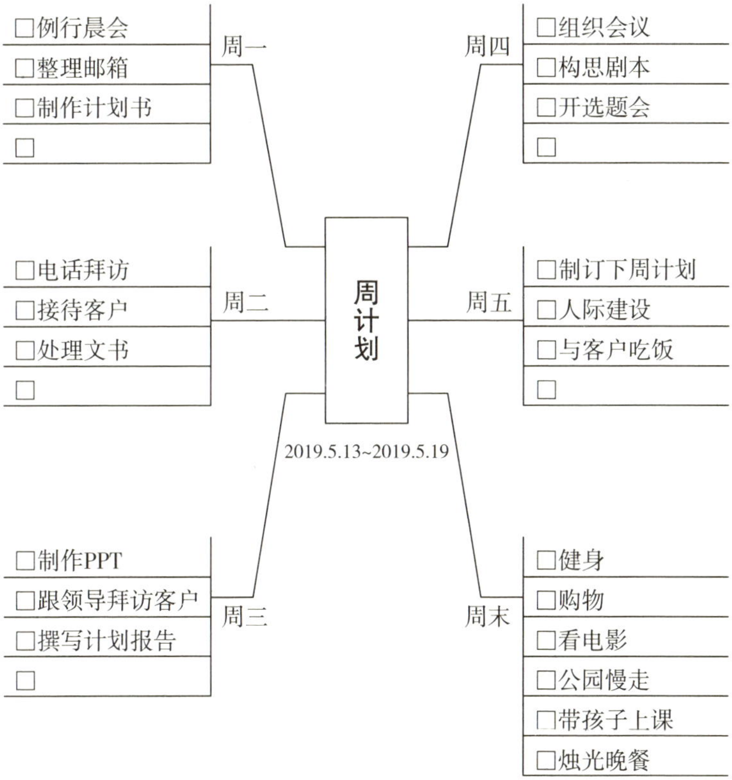

这种方法简洁清晰，易于操作，在笔记本上简单画一画，思路就出来了，非常适合做读书笔记、制订计划时使用。

子弹笔记法

子弹笔记法由纽约设计师赖德·卡罗尔所创，他说：这是给数字时代里，仍然想要用一张纸就能开始做笔记的爱好者所设计的笔记方法。

子弹笔记法（Bullet Journal）又被称为快速记录法，通过简单易学的系统，解决任务的收集、排程问题，并建立有效的索引系统。

之所以被称为“子弹”，就在于这种记录方法追求的是速度，不需要多余的描述，精准到位，这类方法适用于做重要笔记。

子弹笔记法之所以快速，核心就在于符号的运用。当你看到标记在笔记最前端的符号时，无须继续阅读相应的文字，就知道该任务是什么。

关于符号的运用，可以自己创建，采用自己熟悉的符号，不过设计者提出了几个基本的符号样式：

一个点（·）：待办事项；

一个空心圆圈（○）：将要执行的事项；

一条横线（—）：一则单纯的笔记；

眼睛（👁）：后续要跟进、待研究的事项；

感叹号（！）：有灵感、有启发的笔记；

星星（☆）：重要事项。

这是设计者提出的六种基础符号，其他符号可以根据喜好自行设计。

用符号做记录确实很有效果，如果是日常工作，甚至不用写文字，只需要记录一个符号，如@，就代表了邮件整理；¥就代表了记账。

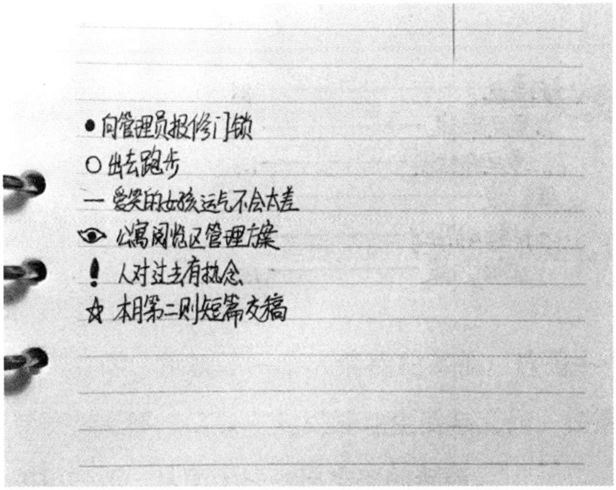

子弹笔记法

利用办公软件自带符号最简单，如果没有还可以手绘，注意要遵循极简原则，如一支笔就代表了写文案。

手绘图案有一个误区，很多手账爱好者喜欢自己画，这样更有个性，但是很多图标如果自己画会很费时间，甚至在设计的时候还会花费不少精力。

如果自行设计图标，就要遵循极简原则，最好是一两笔就能画出来的，否则建议使用自带符号。

Part 6

超越多数人的时间思维

世间最公平的唯有时间，最残忍的也是时间，时间就如同上帝一样，俯瞰天下苍生。时间“杀死”了很多人，或者说是绝大多数人，也成就了少数人，后者成功地改变了世界。

碎片时间操作指南

生活中的时间碎片被你浪费了吗？

排队；

玩手机；

无聊等待；

站着发呆。

……

你算过吗？每天的零散时间有多少被你浪费掉了？

美国相关机构进行过一次调查，95% 的人不会注意碎片时间，只有 3%~5% 的人有意识地利用碎片时间。这个数字也反映出平庸者与杰出者的

比例。

大多数人不会在乎时间的流逝，只有金钱的损失才会让他们心疼。然而，如果将被浪费的碎片时间以价值衡量，可能会让你大吃一惊。

假设北京的平均工资为 9791 元：

9791 元 ÷22 天 ÷8 小时≈ 55 元 / 小时

那么每天有多少碎片时间呢？可以根据你的情况算一算，大多数人的碎片时间超过 2 小时。

北京的平均通勤时间为 97 分钟 + 发呆 + 排队 + 玩手机 +……

显然，这段时间已经超过了 2 小时，也就是说，每一天我们都至少浪费掉了 55 元 ×2 小时 =110 元，一个月下来，浪费了 110 元 ×22 天 =2420 元。

如果你继续换位思考，想一想 2000 多元能做什么，你就会后悔，意识到问题的严重性。

美国版“知乎”Quora 上面有一个针对时间管理的假设，反映出很多人在时间管理方面的困境：

假设你是一名武士，要去拯救被困在火海的公主，然而不断有敌人来袭，如果不反击就会被打死，如果恋战就无法救下公主。

公主象征着人们心中的梦想，等候太久就会被火海吞没。现实生活中，太多人的梦想因为“时间不够”而夭折。实际上，时间对谁来说都是公平的，我们不仅要战胜敌人，还要救下公主。只要能够充分利用碎片时间，这并非痴人说梦。

碎片时间也许并不能让你成为精英，但至少每个月可以帮你节省 2000 多块钱。接下来，我们就进入实操阶段：

A. 瑞士奶酪法

瑞士奶酪法是在一个比较大的任务中“见缝插针”的方法，充分利用零碎时间，而不要消极等待整块时间的出现。

举个例子：A 完成一个简单的文案大概需要 20 分钟时间，而离午饭只剩下 15 分钟，他觉得无法完成，所以干脆什么都不干，等着到点吃饭。也就是说，他在无意识状态下浪费了 15 分钟。

如果采用瑞士奶酪法，完全可以利用 15 分钟完成构思，把思路记下来，然后去吃饭，回来之后再用 5 分钟写出完整文案。

具体操作方法：

1. 嵌入式：当完成一项工作开启另一项工作时，中间势必会有一段空闲时间。抛开休息的时间，根据每个人效率的高低，这段时间可能被耽搁 5 分钟，也可能被耽搁 30 分钟。嵌入式的方法就是将两项任务转换过程中的时间充分利用起来，如写完一篇稿子之后，准备写下一篇的空当儿可以寄个快递；

2. 并列式：在一个时间段里同时做两件事或者多件事。比如，在等公交的时候给客户打电话；

3. 积累式：巧妙地化零为整，利用多个零碎时间完成一项任务。例如，你想搜集关于爱情主题的经典影片，你可以利用每项工作转换时的间隔时间做，也可以利用饭后休息时间，还可以利用下班前的空闲时间。这些零散时间相加，也可以有效地完成任务。

B. 零散时间 PK 零散任务

既然是零散时间，那就用来处理零散任务，也就是说，你有 5 分钟的时间，就用来处理一件只需 5 分钟就可以完成的任务，养成习惯之后，就会形成下意识操作，便可以最大程度节省时间。

5 分钟 PK 做眼保健操；

10 分钟 PK 浏览邮件；

15 分钟 PK 看几页书；

20 分钟 PK 写一篇短文案。

……

C.TEC 思考法

TEC 思考法由思维专家爱德华·波诺提出，它结构简单，有助于集中精力完成任务。思考时间一般是 5 分钟，所以也称为 5 分钟思考法。

TEC 的意思是：

1.T 为 Target 和 Task 的缩写，代表目标和任务；

2.E 为 Expand 和 Explore 的缩写，意即扩展和探索；

3.C 为 Contract 和 Conclude 的缩写，代表收缩和结论。

假设你现在有 5 分钟的碎片时间，你可以用来思考一个问题，你可以问自己：

我要思考的目标和任务是什么？（Target & Task）

我能想到与之相关的信息、线索、可能性？（Expand & Explore）

这些收获中有哪些是可以进一步利用的？（Contract & Conclude）

简单来说，TEC 的操作步骤就是：先确定目标以及要解决的核心问题；然后发散思维，想象尽可能多的可能性和线索；最后从这些记录之中筛选出能用的，进行下一步的分析和推理。

你想拖延到世界末日吗？

根据相关研究人员的统计显示，每 5 个人之中，就有 1 个人存在拖延现象，也就是说 20% 的人存在拖延行为。在我看来，实际情况远比 20% 更严重，有专家针对大学生做过调查，75% 以上的人承认自己存在拖延行为。

人不是机器，偶尔偷懒、拖延是很正常的现象，但是演变为拖延症问题就严重了。

加利福尼亚大学伯克利分校的理查德·比瑞博士认为，**害怕失败的人**

最容易有拖延行为，这类人可能有一套自己的假设：

从事的任务直接反映个人能力与个人价值；

能力越强，自我价值感越高。

比瑞博士用以下等式来表示上述假设：

自我价值感 = 能力 = 表现

也就是说，任务做得好，就说明能力强，也就越欣赏自己；反之，任务完成得不好，就表示能力差，从而认为自己也很糟糕。

一旦产生这样的想法，就会导致拖延，他们会认为，一旦做不好，就将成为一个失败的人，这也是他们无法承受的。那么比瑞博士的公式就会变为：

自我价值感 = 能力 ≠ 表现

能力与表现不再对等，而人们习惯通过拖延来安慰自己，他们会觉得自己的能力远比表现好，自己还有潜力，远没有爆发出来。

约克大学心理学家戈登·弗莱特认为，完美主义也会导致拖延，而且破坏力极大，严重者会有自杀倾向。完美主义者往往对于所要完成的事情抱有非常高的期望值，而高期望值则容易导致行为受挫，继而产生失望痛苦的情绪。

高期望→行动→受挫→失望痛苦

这个过程被不断强化之后，人们就会产生逃避心理。

美国加利福尼亚大学资深心理咨询师简·博克认为：**“从心理层面分析，部分人对工作能力不自信是导致拖延行为的一个重要原因。”**

在工作中遭遇过重大挫败、对自己不够自信的人，很容易产生逃避心理，认为自己做不好，从而导致拖延。

这类人会找出很多借口，而且非常在意他人的看法，他们不希望被视为能力低下，所以往往给出时间不足、不够仔细等借口。

了解完拖延症患者的几种心理倾向之后，我们来学习一下具体的治疗方案：

★预期奖赏

心理学家建议，预期回报有助于帮你尽快行动起来。你可以想象项目谈成之后发奖金的样子，想象拿着奖金出国旅行的情景，这都有助于促使你展开行动。

预期奖赏的方式就相当于以终为始的激励法。先通过想象未来的回报来激发行动热情。例如，你是一名保险业务员，想要买一台最新的iPhone手机，你就会更积极地与客户洽谈，卖保险拿提成，也就会减少拖延行为。

★改变计时方式

心理学家研究发现，用“天”作为时间计算单位，比起用“月”作为时间计算单位，会使人们更容易开始执行任务，因为人们会觉得“天”比“月”更短，截止日期离得更近。

你还有一个月的时间完成工作VS你还有30天的时间完成工作，后者会让你觉得更加临近截止日期，所以也会更快开始工作。因此，心理学家建议，可以通过改变计时方式，用“天”甚至是“小时”计算，这样能够有效减少拖延行为。

★找到压力与工作的最佳结合点

美国心理学家耶克斯（Yerkes）和多德森（Dodson）认为，中等程度的动机水平最有利于工作效率的提高。同时，他们还发现，最佳的动机水平与任务难度密切相关：任务较容易，最佳动机水平较高；任务难度中等，最佳动机水平也适中；任务越困难，最佳动机水平越低。

★剥洋葱分解任务法

复杂的任务会让人产生畏难情绪，从而导致拖延行为。如果将复杂任务分解为简单任务，操作起来就会轻松得多。

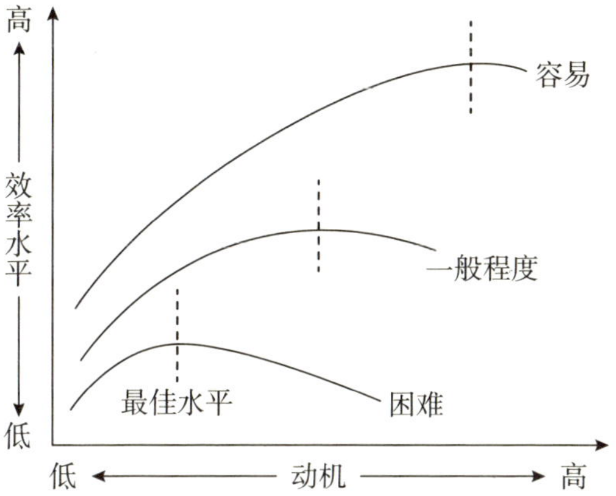

剥洋葱法是一种层层分解任务的方法，将大目标分解成若干个小目标，再将每一个小目标分解成若干个更小的目标，一直分解下去，直到确定当前能够完成的任务。

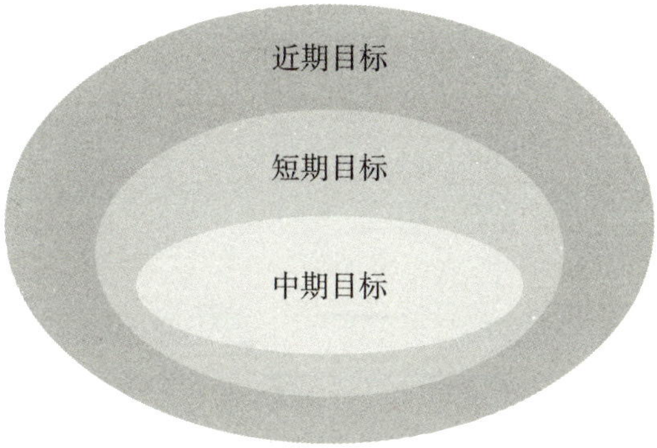

★目标多树杈分解法

这也是一种分解复杂任务的方法。使用该方法需要简单的绘图，树干代表大目标，每一根树枝代表小目标，叶子代表即时的目标，即现在应该去处理的任务。

画法很简单，先确定树干——大目标，再确定树枝——子目标，之后是树叶——即时目标。

这个示意图可以无限延续，可以分为第一层树杈、第二层树杈……直到画出所有树叶为止。

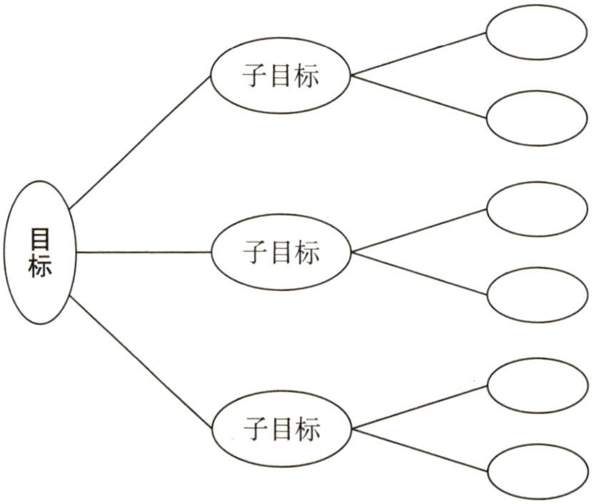

让工作与生活更简单的清单思维

不知从何时开始，清单思维悄然流行起来，最初我对此不屑一顾，直到使用之后才发现它的神奇之处，怪不得很多高效能人士都采用该方法。

职场社群网站领英（LinkedIn）做过一项调查，结果显示，63% 的专业人士会把待办事项拟成清单。

为什么要做成清单的形式呢？

很简单：不容易忘，还节省了思考时间。

试想一下，每次结束任务，你都想着接下来该做什么，势必浪费时间，如果按照清单执行，这部分时间就省了。

清单思维之所以风靡世界，是因为它的作用很多，除了节省时间、细分备注，还可以用来制订计划、厘清思路、提升专注度，甚至减轻焦虑。

下面介绍一些清单的具体应用形式：

★待办清单与停办清单

待办清单很好理解，将每天需要处理的事项列出来，一项一项去完成，有助于更加高效地处理任务。

那么停办清单是什么呢？就是在待办清单的基础之上，筛选出不是非常重要的任务，将这些任务列到停办清单，有时间再进行处理。

to-do list（待办清单）与 stop-doing list（停办清单）

序号	日计划	待办事项 to-do list	停办事项 stop-doing list	简化后任务
1	9:00~9:30	开晨会		1. 开晨会
2	9:30~9:45	整理办公桌	整理办公桌	2. 与作者沟通，布置选题计划
3	9:45~10:00	回复邮件	回复邮件	3. 约见相关作者，洽谈合作事宜
4	10:00~10:30	处理微信、QQ 信息	处理微信、QQ 信息	4. 与出版社沟通
5	10:30~11:30	浏览相关网站	浏览相关网站	5. 撰写一周计划表
6	13:00~13:30	与作者沟通，布置选题计划		6. 写稿
7	13:30~14:30	约见相关作者，洽谈合作事宜		
8	14:30~15:30	与出版社沟通		
9	15:30~16:00	撰写一周计划表		
10	16:00~16:30	整理办公文档、合同	整理办公文档、合同	
11	16:30~17:30	撰写策划报告	撰写策划报告	
12	17:30~18:30	写稿		
13	18:30~19:30	制作 PPT	制作 PPT	

如上面的表格所示，13 件任务简化之后就剩下 6 件，节省了时间，提高了效率。

★ 5 分钟临时清单

5 分钟临时清单是一种简单快速的清单思维法。当你准备开始工作之前，花 5 分钟的时间列一个清单，将所有待办事项罗列出来，接下来按照清单事项执行即可。

有人说 5 分钟时间太短了，还不够思考的时间。之所以设定为 5 分钟，就是为了提高效率，让你在短时间内专注于当下的任务。5 分钟临时清单并不适合作为每日计划，因为一天的工作繁忙，需要处理的任务很多，只用 5 分钟列清单显然是不够的。

5 分钟临时清单，顾名思义，用作处理临时性事件，如上司突然吩咐你做一份本月销售业绩的 PPT，当你无从下手的时候，可以利用 5 分钟临时清单来做，你可以简单列出具体任务：

1. 找销售部要数据；

2. 在上周的 PPT 销售模板上修改即可；

3. 完成后先与销售经理核对数据。

简单列出任务之后，你的思路就出来了，这样执行起来效率就提高了。虽然是临时清单，也要遵循 SMART 原则，确保所列任务可以实现。

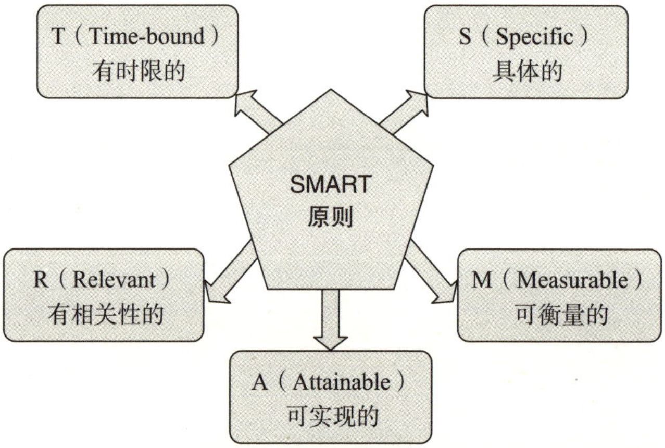

SMART 原则

★计划清单

这也是最常用的清单形式，生活计划、工作计划、购物计划……高效能人士的工作与生活中，绝对不能没有计划与清单，将具体计划记录在清单上，你就不会出差错。

如下图所示，你的计划清单要有重点，可以结合四象限法则进行设定；还要有具体的时间段，明确某个时间段该处理什么任务；最好加入截止日期，这样可以给自己增加压力，确保任务的高效完成。

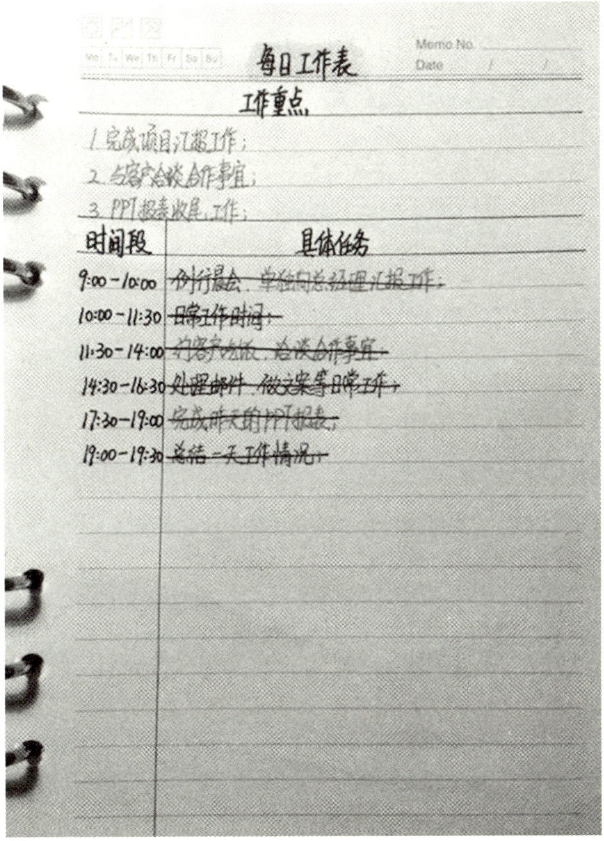

计划清单

提升时间效率的黄金思维

这一节主要介绍一些具体的时间管理方法、策略、技巧甚至哲理，掌握了这些方法与技巧，你的时间效率就会比普通人高出一倍甚至更多。

1.20 分钟黄金高效法则

该方法是将任务分成若干个 20 分钟，在每一个 20 分钟内高度集中精神，20 分钟后停止，休息一下。如此反复直到事情做完为止。

这就和番茄工作法类似，研究表明，成年人的注意力大约只能持续 40 分钟甚至更短，所以针对专注力差的人来说，20 分钟法则可以在短时间内帮助他们专注工作，有效提高工作效率。

20 minutes

黄金高效法则

2.GAINS 法则

GAINS 法则，时间管理方法之一。GAINS 是五个单词首字母的缩写：1.G 为 Goal；2.A 为 Assessment；3.I 为 Idea；4.N 为 Next step；5.S 为 Support。

——Goal（目标）

——Assessment（评估）

——Idea（想法）

——Next step（下一步）

——Support（支持）

按照上述 5 个步骤进行操作，能够提高效率。

3. 四象限法则

时间“四象限法则”由美国管理学家史蒂芬·柯维提出，是比较常用的时间管理理论之一，把工作按照重要和紧急两个不同的程度进行了划分，基本上可以分为四个“象限”：

◎ 重要而紧急

◎ 重要、不紧急

◎ 不重要、紧急

◎ 不重要、不紧急

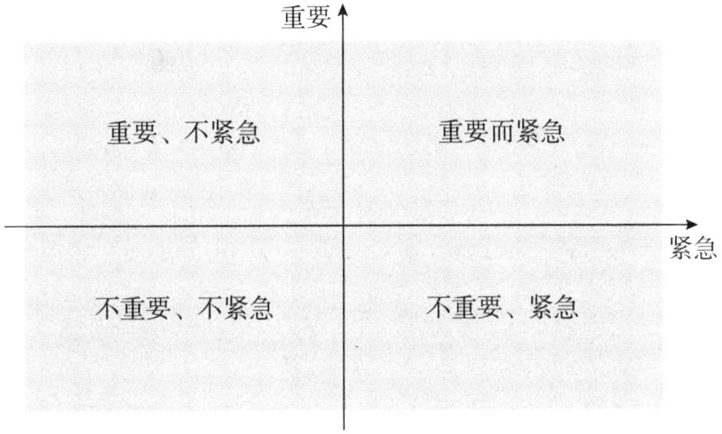

四象限法则（荞麦供图，出自《高绩效时间管控课》）

按照该方法分配并执行任务，效率也会得到提升。

4.1–3–5 Rule

1–3–5 法则，简单来说就是：

1 件重要的事

3 件比较重要的事

5 件小事

按照这个准则，一天就可以做完 9 件事，这就是一天的 to–do list。

to-do list

5. 当你在工作状态时多做一些，不在状态的时候则可以少做一些

high *more work*	VS	*low* *less work*

说明：当我们的工作状态不错时，效率可能是平时的一倍半、两倍甚至更高，这时即便已经到了下班时间，你完全可以继续投入工作，因为你的工作效率、质量都会得到保障。反之，如果你今天没有状态，如绞尽脑汁也写不出东西，那么就不用逼自己，等状态回来之后，迎头赶上进度即可。

6. 重视你的时间，以每小时来衡量它的价值，这样会帮你尽快行动起来

60 *minutes*

value

说明：我发现一个很有趣的现象，平时周末组织踢球，约好的比赛，总有人迟到或者缺席，而那些球友单位组织的比赛则无人缺席。这是为什么？因为后者罚款！

金钱是让人行动起来的最大动力，所以当你拖延或无事可做的时候，用你的薪水除以工作时间，换算出你的 1 小时值多少钱，这样就会形成一种无形的压力。你浪费的不是时间，而是金钱，行动的意愿就会更加强烈。

7. 放弃多任务处理的想法

说明：很多高效能人士每天都非常忙碌，他们往往会同时处理几项任务。然而，研究证明，处理多任务可能会降低效率，导致无法专注，浪费更多时间。所以，如果你没有同时处理几项任务的能力，最好放弃多任务处理的想法，看似同时做几件事，结果却浪费了更多时间。

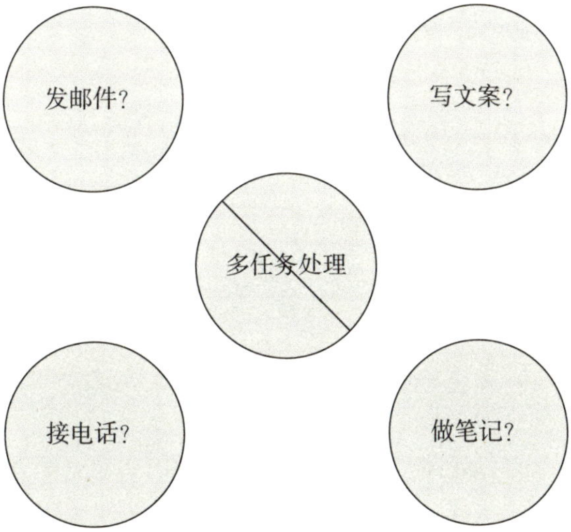

8. 放弃完美的想法

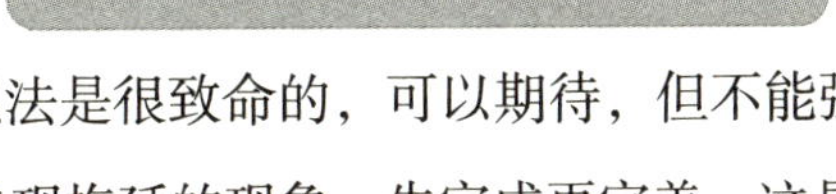

说明：完美的想法是很致命的，可以期待，但不能强求。越是苛求完美的人，工作越容易出现拖延的现象。先完成再完美，这是始终不变的准则。

9. 工作时间越长不代表效率越高

工作时间 ≠ 工作效率

说明：工作时间与工作效率并不能画等号，正如前面所说，有状态的时候，工作效率是没状态时的一倍半、两倍，甚至还要高。因此，如果你想提升效率，并不是单纯增加工作时间就可以解决的。

10. 精简会议时间

说明：80% 以上的会议存在无效时间，所以如果你是领导，一定要精简会议内容，把握好会议时间。

11. 只完成一天中最重要的几件事

说明：每天任务那么多，不一定都能够处理完，那么一定要找出最重要的几件事，这才是一天的重点。确保这几件事的进度，远比花时间关注其他事重要。

12. 相信他人，学会授权

说明：团队合作是高效工作的前提之一，如果你是一位管理者，一定要学会授权，没必要事必躬亲，这样可以节省出很多时间。

13.Deadline

说明：每件任务都需要设定最后期限，这样才会有压力，从而产生动

力。不要让工作无限期拖延下去，否则你就会染上拖延症。

14. 找出使你分心的因素

说明：当你开始工作之后，记录下那些让你分心的因素，如微信、微博、QQ、邮件等，下一次开始工作之前，处理掉这些因素。

15. 善于利用 App

说明：各类时间管理 App 可以很好地提升工作效率，找到适合自己的一款或几款 App，注意同一类型的只用一款即可，否则会乱。

16. 随时休息

说明：及时休息调整并不是在浪费时间，反而是为了更好地投入下一段工作之中。我就有睡午觉的习惯，每天如果可以睡着，20 分钟就够了，可以让整个下午都充满精力，远比喝咖啡的效果好。

Part 7

你在职场的位置，取决于你的思维方式

如何让上班像玩游戏一样轻松？如何让同事像朋友一样？如何快速爬到自己期望的位置？这取决于你的思维方式！

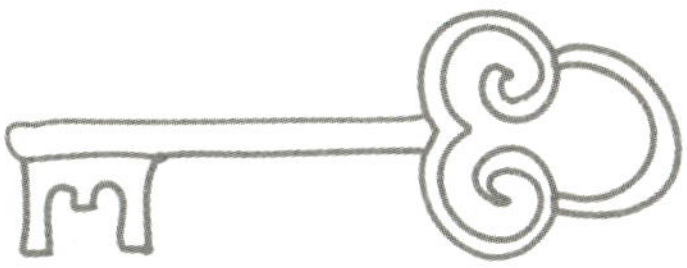

异性效应：让工作简单愉悦的吸引力法则

在竞争的状态中，人们的工作效率会得到很大程度地提升，心理学家普利特就曾做过类似实验，他让被试分别在三种情境下骑行25英里的路程：

第一种情境是单独骑行计时；

第二种情境是骑行时让另外一个人跑步陪同；

第三种情境是与其他骑车人竞赛。

结果显示，单独骑行计时情况下，平均速度为每小时24英里；有人跑步陪同时，时速达到31英里；而竞争情境下时速为32.5英里。

此外，普利特还进行了计数和跳跃等一系列任务实验，结果都证明了同样的观点。这种现象被称为社会助长作用，而异性效应则是社会助长中的特殊现象。

在社会助长理论的基础上，中国学者金盛华于1989年最先提出了“性别助长”的假设。他认为，“对于性意识发展成熟的人，异性有高于同性的特别行为促进作用”，即对于性意识发展达到成熟水平的个体，异性的存在会导致特殊行为的效率提高。

这一理论在实际工作中得到了验证。当两个比较年轻的异性同事一起工作时，往往能够在很大程度上提高工作效率，因为彼此间有一种特殊的相互吸引力和激发力，反映在工作中，则表现为更加积极努力，充满动力。

异性效应是一种普遍存在的心理现象，并不算严格意义上的心理学定律，它指的是在人际交往过程中，异性交往会产生一种特殊的相互吸引力和激发力，彼此能够从中体验到快感，并带来积极的情绪与力量。

异性效应在年轻人身上表现得最为明显，对于职场新人来说，完全可以通过异性效应，让自己在职场中得到更多帮助。

美国科学家曾发现一个有趣的现象，在太空飞行中，6.6%的宇航员会出现头痛、失眠、恶心、情绪低落等症状。为了揭开这个谜团，他们特意请心理学家前来帮忙。通过分析，心理学家发现原因竟是宇宙飞船上都是清一色的男性。之后，相关部门采纳了心理学家的建议，在执行太空任务时挑选一位女性加入，结果，宇航员先前的不适症状消失了，还大大提高了工作效率。

这就是典型的“异性效应”在起作用，许多人在异性面前会表现出很高的积极性，愿意从事在同性面前极不情愿完成的任务，有时还表现得十分机智、勇敢。在工作中，优秀的管理者都懂得“男女搭配，干活不累”的道理，因此会有意调节办公室的男女比例，并将这一比例保持在合理的状态。

由于异性效应是一种普遍的心理现象，并不算严格意义上的心理学范畴，所以没有心理学家特意做过类似实验，然而这一效应在实际工作中却发挥着重要作用。

想一想青春期那会儿，凡是有两性共同参加的活动，较之只有同性参加的活动，参与者一般都会有更为愉悦的感受，也更有动力，干劲儿更足。这是因为当有异性参加活动时，异性间心理接近的需要得到了满足，从而激发起内在的积极性和创造力。此外，男生和女生在一起学习、交往时都会显得比较顺利。

对于初入职场的年轻人来说，异性效应还是很有作用的，能够激发年轻男女的工作热情。在团队中，异性效应的产生需要具备相应的条件，某一性别的比例不能低于百分之二十，而且年龄要相差不大，这也是异性效应在同事之间作用更大的原因。与领导相处时，如果彼此年龄差距较大，异性效应的作用会减弱。

巴纳姆效应：跳出认知偏差的怪圈

福勒效应也被称为巴纳姆效应，是由心理学家伯特伦·福勒于 1948 年通过实验证明的一种心理学现象，因而以其名字命名，不过世人更为熟悉的名字是巴纳姆效应，来自一位非常著名的魔术师肖曼·巴纳姆。

肖曼·巴纳姆在评价自己的表演时说，他之所以很受欢迎，是因为节目中包含了每个人都喜欢的成分，使得“每一分钟都有人上当受骗”。人们常常认为一种笼统的、一般性的人格描述十分准确地揭示了自己的特点，心理学上将这种倾向称为“巴纳姆效应”。

即便这种描述十分空洞，人们仍然相信反映了自己的人格面貌。而要避免巴纳姆效应，就应客观真实地认识自己。

如果你想在职场得到更好的发展，一个客观清晰的自我认知是非常重要的，你需要做的就是努力跳出认知偏差。

心理学家伯特仑·福勒为了验证“巴纳姆效应”，在 1948 年对学生进行了一项个性测验，过程如下：

1. 学生们按要求完成一份个性测试题，并得到相应的个性分析结果；

2. 学生们被要求对分析结果进行判断，看它是否如实精确地反映了自己的性格特点；

3. 实际上，每个学生的个性分析报告是一模一样的。

打分标准是 0~5 分，学生们的平均判断得分是 4.26 分，也就是说，绝大部分学生认为自己的个性很符合报告上的分析结果。

下面是这份个性报告的内容：

1. 你渴望得到他人喜爱却对自己吹毛求疵；

2. 虽然人格有些缺陷，大体而言你都有办法弥补；

3. 你拥有可观的未开发潜能，目前为止并未很好地发挥个人优势；

4. 你看似强硬、严格自律的外表下藏着一颗忧虑不安的内心；

5. 你经常质疑自己是否做出正确的选择、正确的事；

6. 你喜欢一定程度的变动并在受到限制时感到不满；

7. 你为自己的独立思考能力而骄傲，不会接受没有充分证据的言论；

8. 你认为对他人过度坦率并非明智之举；

9. 有的时候你外向、亲和、充满社会性，有的时候你又显得内向、谨慎而沉默；

10. 你的某些抱负是不切实际的。

这份个性分析报告其实是人类较为普遍的性格特征，而且其描述显得模棱两可，这正是“巴纳姆效应”的语言描述模式。在心理学家的后期研究中发现，假如下面的条件得到实现，实验对象将会对分析给予更准确地评价：

1. 实验对象相信该分析只应用于他们身上；

2. 实验对象相信那些分析者的权威；

3. 分析主要集中在正面描述方面。

实验的最后，测试人员拿出两份结果让被试判断哪一份是自己的，其中一份是自己的真实结果，令一份则是多数人回答之后平均起来的结果。令研究者惊讶的是，绝大多数参与者都异口同声地说第二份结果更为准确地描述了自己的人格特征，即上述个性报告。

在日常生活中，福勒效应的危害是很大的，也非常普遍。在美国，曾经有一家电影院突然失火，坐在前排的人赶忙从窗户跳出去逃生，后排的人看见了也争先恐后地要从那扇窗户逃生，结果没有人死于火灾，却有很多人被活活挤死。

这就是福勒效应，人们在没有对当前形式做出准确判断的时候，习惯受到外界信息的影响，并相信那是正确的，结果很容易导致判断错误。

每个人在职场都会有很多机会，平庸者会一一搞砸这些机会。因为他们缺乏准确的自我认知，所以经常会做出错误的判断。

例如，你是一位很有天赋的销售人员，初出茅庐的你干劲儿十足，但是由于缺乏经验搞砸了几笔订单，你的领导对你相当不满，认为你没有销售天赋，你的同事也跟着火上浇油，建议你换一份工作。结果，在沮丧的情绪之中，你相信了外界对你的评价，你申请调离销售岗位而转行做文职工作。

类似这样的错判在很多职场新人身上很常见，他们受困于福勒效应，结果影响到自己的职业生涯。

在各方面经验、阅历不足的情况下，自我认知偏差是很难避免的，你需要改变思维方式，将关注点集中在你的优势方面，并不断告诉自己“能做什么”，而不是别人告诉你的“不能做什么。”

盖洛普领导术学院高级讲师唐纳德·克利夫顿（Donald Clifton）得出过这样的结论：**“判断一个人是否成功，最主要是看他能否最大限度地发挥自身优势。研究发现，人类有 400 多种优势，这些优势本身的数量并不重要，最重要的是应该知道自己的优势是什么，之后要做的则是将你的生活、工作和事业发展都建立在你的优势上，这样你就会成功。”**

为了避免福勒效应的影响，你可以从以下几方面做出努力：

★敢于面对真实的自己，无论你是怎样的人

在工作中，很多人不敢面对真实的自己，因为他们害怕无法胜任目前的职位，所以想尽办法掩盖自身的缺点。

看过一道很有意思的情商测试题：一个落水昏迷后的女人获救后醒来，发现自己竟然一丝不挂，问她的第一反应是先捂住身体哪个部位？

答案令人吃惊，她醒来后大叫一声，然后立刻捂住自己的眼睛。从心理学上说，这是一个不愿意面对真实自我的典型例子，因为自己有“缺陷”，就通过自认为对的方法把它掩盖起来。

实际上，这种逃避的方法只能在短时间内起作用，如果你的能力不济，迟早会露馅儿。只有勇敢面对真实的自己，接受你的劣势，并肯定自身的优势，才能更快地成长。

★收集信息与敏锐的判断力

准确的判断力来自大量精准的信息，在做出判断之前你需要收集足够多的信息，然后筛选出有效信息，综合起来判断，而不要只根据一两个信息源做出判断。例如，你的远方亲戚认为你不适合做销售，可是他们已经十年没见你了，是基于儿时的印象做出的判断。这样的信息就是不准确的，你不能只根据这条信息做出判断。你应该再问问身边的同事、领导、朋友，采纳多方、精准的信息，从而做出准确判断。

★通过重大成就或失败审视自我

在重大的成功与失败面前，一个人更容易显露真实的性格特征，这就像俗话讲的“成功时认识你自己，失败时认识你的朋友”。然而归根结底，我们认识的都是自己，无论成败，都应该看清真实的自我，成不骄败不馁。

视网膜效应：欣赏自己，欣赏他人

视网膜效应指的是当我们拥有一件东西或自身具备某项特征时，我们就会注意别人是否与我们拥有同样的东西或是具备相应的特征。

视网膜效应也可以演变为一种思维方式，如一个拥有良好认知的人，可以发现自身的优点，并很快在他人身上找到同样的品质，这样就可以更好地欣赏、认可对方，有助于建立良好的人际关系，以及更好地展开合作。

心理学家研究发现：人们会习惯性地寻找和自己所见略同的观点。

2008 年美国总统竞选期间，相关人员针对亚马逊网图书销售的数据进行了分析。结果表明，支持奥巴马的选民买的都是赞扬奥巴马的书，而不支持他的人买的都是批评奥巴马的书。

一项研究表明，当人们看到那些符合个人观点的文章时，会花比其他文章多 36% 的时间来阅读。

以上内容都可以证明，人们会习惯性地选择与自己所见略同的观点，而忘掉那些不同的观点。

实际上，我们应该尽量避免受到“视网膜效应”的影响，毕竟事物都有两面性，只看到其中一面难免出现偏颇。

一具风干的尸体，在普通人眼里就是一堆白骨，而在考古学家眼里，则有可能价值连城；

一棵枯树在普通人眼里显得毫无生气，大煞风景，而在摄影师眼中很可能是一件唯美的艺术品；

在殡仪馆工作的人，满眼都是尸体；做临终祷告的牧师，眼中尽是伤心欲绝的人。

你眼中的世界决定了你的心态，正如英国文学家萨克雷先生所言：生活好比一面镜子，你对它哭，它就对你哭；你对它笑，它就对你笑。

所以，我们要正确运用视网膜效应。卡耐基先生曾经指出：每个人的特质中大约有 80% 是优点，而只有 20% 是缺点。如果一个人只看到自身的缺点，那么在视网膜效应的作用下，他就会寻找相同缺点的人。可想而知，他对自己的缺点深恶痛绝，对他人也具备的相同的缺点更加无法忍受，会以更严格的标准苛求对方，这样很可能导致人际关系恶化。相反，当我们能够发现自身的优点时，也会以一种包容的心来欣赏与接纳周围的人，那么一定会获得融洽的人际关系。

A 是一位物业工作人员，一次去找客户催款，结果钱没要回来，却被骂了一顿，气不打一处来。他质疑自己的能力，认为自己的表达力欠缺。

第二天，经理派B前去催款，让A和他大致讲一下情况。结果A受到视网膜效应的影响，认为B不可能要回租金，就对他说：“你还是别去了，你刚来没几天，客户肯定不会搭理你，不可能给你交租金。”

A本来是出于好意，但是由于表达方式的问题，得罪了B，两人在日后的相处中很少交流。

由于视网膜效应的影响，我们习惯于将自身的特质移植到他人身上，就像案例中的A，受到失败的影响，认为自己的能力不济，结果联想到同事B身上，认为他是新人，能力一定不如自己，结果说错话，影响了关系。

在职场中，一定要正确运用视网膜效应，也就是说通过认清自身优势，学会关注他人的优点，学会欣赏他人。

当年我在做酒店销售时，一次偶然的机会在前厅与一位印度客人闲聊，无意中促成了一单租赁生意，他决定在我们的公寓短租三个月。回到办公室我就琢磨，促成这单生意的原因主要有两点：沟通能力 + 英语表达能力。

于是我想到了公司新来的几个留学生，他们每个人都可以熟练地用英文与客人交流，这一点比我强。另外从平时的交流来看，他们的沟通能力也不错，所以我鼓励他们大胆尝试，去酒店的餐厅、酒水吧多转转，找机会跟客人聊一聊，介绍我们公寓的优势。

事后证明，这个方法很奏效，几个新人谈成了不少短租协议。

视网膜效应具有两面性，我们要看到积极的一面，并以此作为思考方向，而摒弃消极的方面。也就是说，我们要善于发现自身的优点，然后发现其他人身上类似的闪光点，赞美他人，欣赏他人，从而建立更好的人际关系。

反馈效应：所谓情商高，就是会反馈

反馈效应，也叫赫洛克效应，是指及时对活动结果进行评价，有助于强化活动动机，对工作起促进作用。

反馈思维非常关键，反映了一个人情商的高低。这是一个强调沟通的时代，我们需要获得足够的信息才能更好地生活与工作，如果得不到反馈，就不知道自己做得好坏，从而无法做出准确的判断。

有一个美国男孩给一位夫人割草打工，某天，他匿名打电话给这位夫人问：“您需不需要割草？”

夫人回答说：“不需要了，我已请了割草工。”

男孩又说：“除了割草，我还会帮您拔掉杂草。”

夫人回答：“我的割草工也做了。”

男孩又说：“我会帮您把过道的杂草也清理干净。”

夫人说：“我请的人也做了，谢谢你，我不需要新的割草工人。”

男孩挂断电话。

此时他的室友问道：“你不就在他们家割草打工吗？为什么还要打这个电话？”

男孩说：“我只是确认我的工作是否到位，雇主是否满意。”

从这个故事不难看出男孩的情商很高，他通过主动询问获知反馈信息，这样才能占据主动。

关于反馈效应，我们来看两个实验：

实验一：

罗西与亨利把某一个班的学生随机分成三个小组，每天学习结束后对其进行测验。研究人员每天都会告诉第一小组成员检测结果，而很少告知第二小组的学生，至于第三小组的成员，研究人员一次也没告知其结果。

8 周之后，研究人员改变做法，第一小组与第三小组对调，第二小组不变，实验再次进行了 8 周。

结果除第二小组学生的成绩稳定外，第一小组与第三小组学生的情况发生了很大的转变：第一小组学生的学习成绩逐步下降，而第三小组学生的成绩则突然上升。

这项实验说明及时知道自己的学习成果具有很重要的作用。

实验二：

心理学家赫洛克也做过类似实验，他让被试分为四个组，第一组为激励组，每次工作后进行鼓励和表扬；第二组为受训组，每次工作后都会被批评；第三组为被忽视组，每次工作后不理不睬；第四组为控制组，让他们与前三组隔离，且每次工作后同样不给予任何评价。

实验结果表明，成绩最差者依次为：第四组（控制组）、第三组（被忽视组）、第二组（受训组）、第一组（激励组）。

以上两个实验都很好地证明了及时反馈的重要性，因此我们在工作中一定要学会利用反馈效应，与他人更好地沟通，从而提升工作效率。

反馈效应实际上就是一个沟通的过程。你向上级汇报工作进度，上级同样回馈给你需要注意的问题。上级得到信息，了解了工作进展情况；你得到上级的认可或批评指点，同样产生了激励作用。

优秀的领导者一般有较高的情商，他们很清楚反馈的重要性。据说松下幸之助先生有一次去吃牛排，牛排只吃了一半，他特意将主厨叫过来，略带歉意地说："牛排很美味，但是我只能吃一半。不是你的手艺问题，因为牛排真的很好吃，你是位非常出色的厨师，但我已经 80 岁了，吃不动了。"

在场的人都没明白是怎么回事，松下幸之助解释说："我想当面和你谈，是因为我担心，当你看到只吃了一半的牛排被送回厨房时，心里会难过。"

至此，大家才明白并感叹松下幸之助先生的情商与为人。

优秀的领导者懂得及时反馈的作用，而我们的目的是帮助更多的职场人士。那么普通职员在反馈时应该怎么做呢？或者说应该注意什么呢？

★先学会自我反馈

所谓自我反馈，是一种自省的过程，有助于及时发现问题，调整、改进工作方法，提高工作效率。

★养成及时向上级反馈的习惯

及时向上级汇报工作是一种好习惯，只要把握好时机，大部分领导不会厌烦。实际上，这是一个加深沟通的机会，只要上司不讨厌你，那么积极反馈一定会增进你与领导的关系，甚至有机会成为领导的嫡系。

★了解上司脾气秉性，把握反馈频次

对于有些上级，如果员工频繁反馈，向自己请示这请示那，会在潜意识中认定这名员工能力低下，独立性差。因此，想要与领导沟通没问题，要清楚了解他们的脾气秉性，把握反馈的频次。

★与同事、下属反馈

按理说，应该是下级主动向上级反馈，但是如果你的下级很闷，不爱说话，就需要领导主动出击，这样才能了解更多信息。与平级同事交流也是如此，主动的人运气从来不会太差。

排球实验：有一种伤害，叫作“别人的评价”

排球实验指的是人们都存在一定的自恋心理，过于关注别人对自己的评价。

心理学家进行过一项研究，他们从某大学选修讨论课的学生与排球校队的成员中随机征召了一些志愿者，第一组的学生来自讨论课，让他们对自己和同学进行评价。内容包括两条：一、与平时相比，班里的其他同学今天看起来怎样？二、与平时相比，班里的同学会怎样看待今天自己的样子。

第二组是排球队的成员，同样要求他们做出两项评定：一、与平时打球水平相比，今天每一位队员的表现怎么样；二、与自己平时的水平相比，其他队员会对今天自己的表现做出什么样的评定。

实验结果显示：被试都会高估他人对自己变化的关注度，而实际上并非如此。很多人过分在乎他人对自己的评价，想要以最佳状态呈现给他人，因此出现紧张、担心、过分关注细节的现象，却发现别人根本没有自己想象中那样在乎，结果内心非常失落。还有些人因为过于在乎别人的评价，致使情绪失控，影响正常的工作和生活。

对一些心理承受力不高、情绪控制力较差的人来说，“别人的评价”是一种无形的伤害，他们由于过于在乎导致自己的情绪、工作出现问题而心态失衡。

科学实验已经证明了大多数人存在一定程度的自恋心理，高估了自己在他人心中的地位或是他人对自己的关注度。因此，他们往往过于在乎别人对自己的评价，很容易因为负面评价而影响心情，甚至导致情绪失控。

尤其是性格内向敏感的人，最容易出现这种问题。这类人不善于处理人际关系，性格中多疑、敏感的成分常常让他们成为火药桶，一点就着。别人一句开玩笑似的评价或是漫不经心的批评都会令他们耿耿于怀，严重影响人际关系。

在公司中，这种人处境很尴尬，因为很少有人愿意与他们接触，就怕不小心得罪了他们。

小刘就属于这类人，他在广告公司上班，性格内向，甚至有些自卑，在公司中总是一副唯唯诺诺的样子，而且非常在意别人的评价。

同事跟他说话非常小心，生怕触动了他脆弱的自尊心。一次，Andy 让他帮忙给总监送一份文件，少嘱咐了一句话，结果总监随口问了他几个问题，而他支支吾吾没说出来。就这么一件小事他就急了，认为 Andy 有意针对他，让他背了黑锅。

有一次，几个女同事午饭后聊天，小刘正巧从身边经过，其中一位女同事似乎害怕“得罪”他，赶紧给他让路，并对其他人笑了笑，这让小刘很生气，就像受到了嘲笑一般，竟然恶狠狠地瞪了她们一眼。

由于小刘的性格，背地里议论他的人越来越多，这些话也传到了他的耳朵里。他开始没办法集中精力工作，情绪变得很暴躁，经常因为鸡毛蒜皮的小事跟同事吵架，导致大家对他的意见越来越大。最后，公司只能选择与其解约。

如果你也属于这类敏感的人，一定要及时做出改变，否则会给你的工作带来很大麻烦。首先你需要有一个准确的认知，就是别人根本没有你想象得那样在乎你。你说过的话、犯过的错误，他们很可能一笑而过。所以，他们的评价也没那么重要。

你只需要重视上级的评价，而不必过于在乎其他人。然后筛选出正确的评价，吸取教训，及时做出改变。那些你认为错误的评价完全可以忽视掉。

你必须培养足够强大的内心，这样才能对抗职场上的流言蜚语，最好的方法就是提升你的能力。没有人会对一个工作能力很强的人指手画脚，因为根本找不到机会。

之后，你还可以通过改善人际关系，赢得更多的好评，这样也会使你增加自信，降低你的敏感度。

踢猫效应：不踢猫，更不能让人当猫给踢了

心理学中有一个很经典的“踢猫效应”，描述的是消极情绪的传染过程。人的不满情绪和糟糕心情一般会沿着等级和强弱组成的社会关系链条依次传递。由金字塔尖一直扩散到最底层，无处发泄的最弱小的那一个元素，则成为最终的受害者。

当我们的情绪变坏时，在潜意识的驱使下，往往会选择向比自己弱小或无法还击的对象发泄。一个人在职场处于怎样的位置，拥有怎样的人际关系，往往决定了所能达到的高度。我们要避免受到踢猫效应的影响，也就是说在情绪波动时，不要把别人当成出气筒，这样才会赢得敬重。更重要的是，绝对不能成为别人脚下的那只“猫”，否则你在职场的位置就会非常尴尬。

我们一定要躲开踢猫效应思维的影响，将主要精力放在自我提升方面，避免成为职场争斗的牺牲品。

踢猫效应来自一个真实的故事：某公司董事长为了进行改革，重整公司事务，许诺自己将早到晚归。然而，有一次他因为看报忘了时间，为了不迟到，他开车超速被罚，最后还是迟到了。

董事长非常生气，一是因为被交警罚款，二是因为刚许下的承诺就被自己毁了。为了转移别人的注意力，他把销售总监叫到办公室，毫无缘由地臭骂一顿。销售总监挨训之后，气急败坏地走出办公室，把秘书叫过来训了一通。秘书很纳闷，无缘无故被人挑刺，结果她把接线员骂了一顿。在公司，没有比接线员职位更低的了，她垂头丧气地回到家，对着自己的儿子大发雷霆。儿子莫名其妙地被骂后也很恼火，便狠狠地踢了一脚自家的小猫。

这就是踢猫效应的出处。如果消极情绪得不到抑制，就会形成一种连锁反应，一般会沿着等级和强弱组成的社会关系链条依次传递，最终的受害者就是在这个传递链条中最薄弱的一个。

在职场，面对下属时要学会宽容，尽可能避免向下属肆意宣泄情绪，这样才能受人爱戴，同时赢得更多的支持。

而面对上级时，我们要避免成为愤怒链条的最底层，也就是避免成为可怜的“小猫”，否则所有消极情绪都会传到你那里，你将成为办公室的出气筒，势必对工作造成影响。

无论是谁的错，一旦你成为可怜的“小猫”，你的信心、状态、人际关系都会受到影响。如果你的内心足够强大，你会开始质疑环境，试图离开；糟糕的是，如果你认为所有错误都是自己的原因，那么对整个职业生涯甚至人生都会造成影响。

Z当年是一位酒店物业人员，他就不幸成了那只可怜的“小猫”。他在万豪旗下的一家酒店工作，当时整个物业部的员工都是本地人，只有Z一个人是“北漂”。Z又是一个性格很闷的人，尽管形象很好，但很显然形象并没有给他加分。

Z的工作能力尚可，只不过经常出一些小差错，但是他不会说话，与同事们关系一般，很可能是因为无法融入，导致他不愿多说。然而，时间越久，同事们的关系越好，而Z则越来越被疏远。

很快，同事们对Z的一些小错误就产生了意见，没人愿意帮他。之后，一旦出现问题，大家都倾向将矛头指向Z，即便有时候并不是他一个人的问题。

Z心里肯定不痛快，可能是因为性格原因一直选择忍气吞声，但是并没有带来更好的结果。终于有一次，Z爆发了，与同事们发生了激烈的争吵，之后一气之下选择了离职。

职场才是真正的大学，是一个考验情商的地方，你的想法决定了做法，而你的做法会将你带向更高或更低的位置。所以说，遇到此类情况，你的想法是非常关键的，直接影响到你的行动。

假设你因为某件事不幸成为出气筒，你会怎么做？

情况一：由于你的失误而犯错

A. 承认错误，忍受批评

B. 拒不承认，强词夺理

情况二：背了黑锅

A. 自己忍着，怒火难消

B. 大发雷霆，当面对峙

无论是以上哪种情况、哪种选择，我认为都不是最聪明的做法。以第一种情况为例，自己犯了错误，主动承认错误是很有必要的，但是忍受批评则会影响自己的情绪，更主要的是会让别人对你的能力产生怀疑。

高情商的人会怎么做呢？他们会在承认错误之后，主动做出补偿，打消领导的疑虑与同事的怨言。例如，主动请大家吃饭，送一些小礼物，在短时间内纠正并弥补自己的错误。

大部分人只看结果，如果你可以在短时间内做出补救措施，不给其他人造成更大的影响，又可以很圆润地处理人际关系，这次失误所造成的影响就会被降到最低，而且很快就会被忘记。

第一种情况选择 B 的人，显然会因为其低情商损害人际关系，这是一种很不合理的选择。

针对第二种情况，如果背了黑锅，选择 A 自己忍受的人，最容易沦为愤怒链条的底端。这次出事了你背着，下次大家还会习惯性地找你，因为你不会抗争，逆来顺受，推到你身上就没事了。如果你是这样的人，无论工作还是生活中，肯定有你好受的。

选择 B 当面对峙，甚至大吵一架，也是很不明智的。个人觉得这种做法比A要好，至少显示出你的强硬，但是也会影响你的人际关系。如果你是这种不能吃亏的人，需要注意的是尽可能不要跟领导发生争执，即便被领导冤枉了，如果当面争吵也是非常不理智的。你可以私下和领导解释，虽然上级很可能不承认自己的错误，但是心里有数，以后有机会肯定会还回去的。

心理距离：刺猬法则的职场解读

《无间道》系列作品重新提振了香港电影的信心，也是香港杰出的系列警匪片之一。片中刘德华与梁朝伟分别饰演黑帮与警方的卧底，上演了一出极其精彩的对手戏。

陈永仁（梁朝伟饰）和刘建明（刘德华饰）分属警察和黑社会的卧底，两人的心理世界十分接近，一次次暗中角力将两人拉得越来越近，天生势不两立的职业和感情冲动逼迫两人走入自我毁灭的无间地狱。

作为卧底，两个人都是极其优秀的，因此他们惺惺相惜，如果不是警察与黑帮的关系，相信他们一定能成为朋友。在暗战的过程中，陈永仁很好地把握了双方的心理距离，虽然非常欣赏刘建明，却不会因此影响自己的行为。

警察与黑帮是相互之间永远不可能妥协的职业，陈永仁即便在黑帮卧底多年，也还保持着很好的心理距离，没有跟黑帮成员混在一起，同时尽管非常欣赏刘建明，却能够在关键时刻分辨是非，保持公正。

这就是刺猬法则的妙处，无论与同事还是竞争对手，保持适当的距离，都能让你在关键时刻做出正确的判断。

刺猬法则强调的就是人际交往中的“心理距离效应”。运用到职场中，就是要跟同事、领导保持好适当的距离，也就是所谓的“亲密有间”。

刺猬法则源于德国哲学家叔本华的一个经典寓言，大意是一群刺猬想要挤在一起取暖，可是靠得太近，会彼此扎伤；离得太远，又无法互相取暖。于是，它们试图再靠近一点，但每一次都会伤害到对方……如此反复，最后终于找到了适当的距离，既能得到别人的温暖，又不会伤害彼此。现实生活中，这一经典法则适用于一切需要保持适当距离的关系，尤其适用于职场。

国外的生物学家做过一个实验：在寒冷的冬日，将十几只刺猬放到户外的空地上，观察它们的反应。不一会儿，这些刺猬被冻得浑身发抖，为了取暖，它们开始相互靠拢。然而，每一次靠近都会让彼此受到伤害，只能赶快分开。可是天气实在太冷了，它们只能反复这样的过程，靠近、被刺痛后分开、再次靠近。

经过了一段时间的痛苦挣扎，刺猬们终于找到了一个适中的距离，既可以相互取暖，又不至于被彼此刺伤。

为了研究刺猬法则在人际关系中的作用，一位心理学家做过这样一个实验：一大早，心理学家守候在一间公共图书馆外，当图书馆开门后，第一位读者走了进来，心理学家便紧随其后，紧挨着这名读者坐下。这时图书馆有很多空闲座位，这让读者感到非常不适应。之后，心理学家实验了整整 80 人次。结果证明，没有一个被试能够容忍一个陌生人紧挨自己坐下。当心理学家坐在他们身边后，很多被试会默默地移到别处坐下，有些警惕心较强的人甚至直截了当地问："你想干什么？"

这是一个人际距离的问题，答案很明显：人与人之间需要保持一定的空间距离，即使最亲密的两个人之间也是一样。

在利益至上的环境中保持一定的心理距离，这是聪明人的思维方式。大多数同事是不适合成为知心好友的，并非人的因素，而是所在环境导致的。同事之间保持足够专业的职业性，就不用担心合作出现问题。

超级足球巨星克里斯蒂亚诺·罗纳尔多就曾表示，在足球场内只有四五个好友，但是并不会影响团队合作，因为队友都非常专业。

与同事相处，信任是必不可少的，但是没必要发展到交心的程度，因为距离过近，就会如同刺猬法则一样，刺伤彼此。

我曾经年少无知，尤其是刚上班那两年，涉世不深，在单位遇到聊得来的同事，就以为遇到了知心朋友，酒过三巡便开始交心。因为当时刚上班没经验，工作中经常受到排挤，郁郁不得志，所以只能找同样经历的人一吐为快。有时候，我们几个新人会在下班后小聚，喝着喝着就开始抱怨，诉说工作中的各种不得志。

三五个郁郁寡欢的年轻人，喝多了之后嘴上自然没有把门的，有时候抱怨同事，有时候咒骂领导，酒也喝了，嘴瘾也过了，心里是舒服了，可是没想到，一群人中总有心机深的家伙，结果被打了小报告。

之后被领导故意刁难，因为脾气大，索性辞职走人。

现在想想，问题并不在那个打小报告的人，这样的人哪里都有，大家都是为了生存。只是因为当时不懂得刺猬法则的道理，吃了距离过近的亏。

有利益的地方就有江湖，就要按照刺猬法则思考、行动，有一些经验你必须记住：

★君子之交淡如水

与同事交往一定要保持适当的心理距离，君子之交是最好的方式，既保持必要的礼节与团队精神，又不会因为深交而造成不必要的麻烦。

★掏心窝子可以，看准人

职场也能遇到知心好友，但是一定要看准人，掏心窝子的话不是对谁都能讲的。

★与下属相处时

与下属相处时一定要注意把握刺猬理论，通用电气公司前任总裁斯通就是这样做的。在工作场合，斯通从不吝啬对员工们的关爱，但在工作之余，他也从不会邀请员工来家中做客，同时不接受他们的邀请。与下属保持一定的距离，既不会给人高高在上的疏离感，也不会使你与下属混淆身份，这也是管理的最佳状态。当然，与领导相处时则不需要一味地采用刺猬理论，想方设法拉近距离才是更好的选择。

★与上级相处时

你想拉近与领导的距离没问题，你需要清楚一点，也许你的领导在某方面的能力不如你，但是情商、经验一定比你高，如果为了讨好领导无话不说，你就上当了。他们可能表面跟你关系很近，把你当作嫡系看待，即便如此，还是要保持适当的心理距离。

人际相似效应：利用吸引力法则寻找朋友

看完上面一节，很多人会心灰意冷，难道职场真的没有朋友吗？实际上，如果掌握正确的方法，还是可以交到知心朋友的。

埃利斯是美国杜兰大学二年级学生，某年夏天，她通过社交网站“脸书”发帖寻找室友，结识了小她一岁的埃米莉·纳皮，她们很快发现彼此之间兴趣相投，有很多共同点。

美国《纽约每日新闻》援引埃利斯的话报道：“当时有个在线调查，我们俩都对寄宿制学院沃尔感兴趣。我在调查中寻找，看到埃米莉的回答，发现我们有许多相同点。”比如，两人都喜欢表演，还曾在不知情的情况下都买了同一款毛衣。

虽然两人并没能成为室友，却继续保持密切联系，成为无话不谈的好朋友。两人不仅兴趣相同，而且长相相似，通过交谈得知，两人的生理父亲都是匿名捐精者，但她们并未多想。两人放寒假回家后，分别与家人谈及此事，这引起了埃利斯母亲的注意。她看了纳皮的照片，发觉对方跟女儿真的很像。

通过查询捐精者的编号，双方惊奇地发现，埃利斯和纳皮竟然是同父异母的姐妹。

这就是人际相似效应的作用，它是指人与人在思想观念和社会生活方面的相同和近似因素，能够使人际间产生相互吸引的作用力。

美国心理学家纽科姆在密执安大学做过一项实验，他找来 17 名大学生志愿者，为他们提供了四个月的免费住宿，但是需要定期接受实验者的谈话与测验。

在进入宿舍之前，17 名学生就政治、经济、审美、社会福利等各方面的问题进行了回答，研究人员将态度、价值观与人格特征相似和不相似的学生混合起来，分别安排在不同的房间里共同生活。

四个月之后，研究者再次测定他们对以上问题的看法与态度，并且让他们相互评定与自己同住的人，说出自己喜欢谁和不喜欢谁。

实验结果表明，在这些被试相处的初期阶段，空间距离的邻近性决定了人与人之间的吸引力。也就是说，住在同一宿舍的人关系较近。

到了后期阶段，人际相互吸引发生了变化，彼此间的态度与价值观越相似的人，相互间的吸引力就越强。

纽科姆通过进一步研究还发现，只要对方和自己的态度相似，哪怕在其他方面有某些缺陷，同样也会对自己产生很大的吸引力。这种现象在心理学上叫作“人际相似效应”。

自从有了互联网，想要结交志趣相投的人再也不是难事。生活中，人际相似效应让我们将性格、兴趣、价值观等相似的人吸引到身边，渐渐地成了朋友，生活也因此更加精彩。然而，想要在职场找到可以信赖的朋友并不简单，我们需要善用人际相似效应。

有些人为了明哲保身，在职场不交朋友，这样的人除非拥有很强的个人能力，否则也不利于个人发展。毕竟，想要更好地发展，必须有人在背后“挺”你！

这就是结交盟友的重要性。每一位当过领导的人都应该懂得其中的重要性，无论身在何处，拥有自己的嫡系都是一件很重要的事。那么，识人、选人、拉人就变得很关键。

美国总统罗斯福说过：**“成功的第一要素就是懂得如何搞好人际关系。”**那么，我们应该如何寻找自己的盟友呢？

★时间是最好的试金石

寻找共性是建立关系的前提，然而任何人也不可能通过一两次简短的接触就观察出他人的人生态度、兴趣爱好、性格特征……只有经过长期的交往才能逐渐发现他人的特性，这就要求我们学会分析和揣摩他人的心理特征，慢慢地找到切入点。时间是最好的试金石，在职场交友千万不可心急。

★从兴趣入手

兴趣不会骗人，两个志趣相投的人总会有更多话题，因为彼此交流的话题不仅限于职场，下班之后也会找到更多话题。所以，在工作中要敢于“暴露”自己的兴趣，从而发现更多的潜在盟友。

★迎合他人是高情商的表现

今日的职场中，迎合他人已经成为一种生存手段，是高情商的表现。如果你与同事几乎没有共同点，那么为了建立联系，你就必须做出改变。迎合他人，但记住不可迷失自我。同时，你要意识到这种联盟的稳定性。

保龄球效应：好言一句三冬暖，恶语伤人六月寒

保龄球效应指的是鼓励和赞美能够提升一个人的积极性，而批评只能起到反作用。

在一场保龄球比赛中，两队的队员都是一球打倒了 7 只球瓶，A 队的教练对队员说道：“很好，你一下打倒了 7 只，做得不错。”队员听后大受鼓舞，接下来的一球直接击倒了另外 3 只球瓶。

B 队的教练则向队员吼道：“怎么搞的，你要一次性击倒所有瓶子，怎么还剩下 3 只！”队员听了教练的指责，心里很不舒服，他认为自己的表现已经很不错了。结果，该队员心态失衡，竟然又投了三次才击倒剩下的 3 只瓶子。

心理学家对这种现象感到不解与好奇，于是通过研究发现，积极鼓励和消极指责之间具有不对称性。受过批评或处罚的人并不会减少犯错，反而表现得更为消极，有点破罐子破摔的意思。反之，受到表扬的人则会更加卖力，表现也会越来越好。

这就是保龄球效应，在某种程度上类似于美国心理学家罗森塔尔做过的某些实验。一旦受到积极的期望就会表现更好，反之则会表现得很糟糕。

20 世纪 60 年代，美国心理学家罗森塔尔通过一系列实验，试图证明实验者的偏见会影响研究结果。其中有这样一项实验：研究人员选取一群大学生作为被试，让他们看了两组大白鼠，并告诉他们，这两组大白鼠的品种不一样，一组很聪明，另一组则非常笨。实际上，两组大白鼠毫无区别。

实验开始，学生们将这两组大白鼠放入迷宫中，看哪一组最先找到出

口。结果，他们发现“聪明”的那一组赢了“较笨”的那一组。

罗森塔尔推测，这可能是由于实验者对“聪明”的那组大白鼠友好，对待“较笨”的那组大白鼠粗暴。

之后，罗森塔尔又做了一次非常著名的实验，之后被称为皮革马利翁效应。他和助手来到一所小学，告诉老师要考察学生们的智力情况，之后将一份“最有发展前途者”的名单交给了校长和相关教师，告诉他们这些学生在未来将会有所成就，并且叮嘱他们务必保密，以免影响实验的正确性。

事实上，名单上的学生都是被随机挑选出来的，他们和其他学生并没有显著不同。8个月后，令人意想不到的结果出现了，名单中的学生成绩都有了较大提高，且各方面表现都很优秀。

罗森塔尔认为，这是由于教师们受到权威的影响，坚持认为这部分学生具有很大的发展潜力，所以重点培养他们，使他们的成绩得以改善。

将上述理论与实验运用到人际交往中，我们应该积极赞美他人，而不要批评别人。很多优秀的领导者在这方面做得非常好，他们只会赞美下属，从来不批评。难道是他的下属个个都是得力干将？每个人都从不犯错？

当然不是！因为他们很清楚，批评只会让事情变得更糟。而如果碰上那种屡教不改的家伙，他们就会选择放弃。

情商不高的领导者的做法则完全不同，即便他们出于好心，希望能提携下属，但遇到下属犯错时就会大肆批评，有一种恨铁不成钢的感觉。然而，这种做法不但无效，还会导致下属对自己的反对，从而影响自己的权威与正常工作，可谓费力不讨好。

心理学家兼哲学家威廉·詹姆斯说：“人类性情中最强烈的部分，是渴望受人认同。”因此，在职场与人交往的过程中，高情商的人会怎么做呢？他们**宁可送上虚伪的赞美，也不说出真诚的批评。**

乍看上去有一些厚黑的意思，实际上这是一种生存之道。想要成为人际交往方面的赢家，就要洞彻人性。心理学家马斯洛早就提出过这样的理念，他认为渴望赞美是人类的本性，人们的终极需求就是自我实现。

既然这是人性的基本需求，我们就没必要反其道而行之，尤其是在充满利益的职场。根据保龄球效应理论，赞美能够激发对方的积极性，批评只会带来消极情绪，甚至会招致怨恨。

人在职场，宁愿少一个朋友，也不能多一个敌人，即便你的初衷是为别人好，对方也未必领情。这样的故事听过太多，也遇到过太多，每次讲出来都让人寒心。

毕业第二年，我还不懂太多人情世故，当然也不知道保龄球效应。公司来了一位新人，于是我就想主动帮帮他，让他少走一些弯路，毕竟我进公司第一年犯过很多错误。

布置任务之后，我会主动告诉他该怎么做，需要注意什么……总之，事无巨细，结果对方不领情，却嫌我事多。

犯错之后他应该明白我的良苦用心了吧？

没有！反倒怪罪我，甚至将责任推到我头上。

这种狗血的情况遇见多了，也就长了经验，在职场要学会识人，有些人是不值得交往的。前面就算有一个坑，也要装作没看见，摔倒的次数多了，自己就学乖了，而如果你多嘴帮忙，反倒会阻碍他们成长。

当然，这种做法不厚道，所以一定要分人，也就是说针对那种不知感恩、不值得帮忙的人。大多数人还是很懂事的，这就要求你运用合理的方法，如用保龄球效应。

1920 年，时任上尉的戴高乐，有次在巴黎舞会上邀请汪杜洛小姐跳舞。在优美的旋律下，戴高乐对汪杜洛小姐说：“我有幸认识你，小姐，非常荣幸，是一种莫名其妙的荣幸……”

汪杜洛则回应道："上尉先生，我不知道还有什么比你的话更动听，比此时此刻的时光更美丽……"这种相互间的赞美不仅让两人的距离一下子拉近了很多，更使两人一见钟情，心心相印，很快便定下了终身。

越是身居高位的人，越懂得赞美的重要性，而层级不高的人，则将其视作拍马屁，对此不屑一顾。只能说这类人的情商不高，见识不广。

职场水深，为了更好地生存，有一些经验一定要记住，也许你对此并不认同，但并不能说明这些经验是无效的。

★除了办公室亲信、嫡系，不要轻易批评他人

以我的认识，只有以下两种情况，批评是有效的。第一种就是针对自己的亲信、嫡系，因为他们清楚，你的批评是为了他们着想。当然，言辞不可太激烈。

★批评是为了适当施压

这是第二种情况，如公司业绩没有达标，老板跟员工发脾气，大家都能理解，也会激发出工作动力。

★好言一句三冬暖，恶语伤人六月寒

除上述两种情况外，其他情况都要以赞美为主，无论你是否出自真心，你只需要知道，赞美的效果更好；而即便是真诚的批评，也可能因为对方不领情而带来糟糕的影响。

★在适当的时机说出适当的话

无论赞美还是批评，时机与用词的选择都很重要，注意观察对方的状态是很重要的一个过程，如果对方情绪低落，过分的赞美往往让对方感觉虚伪，而此时批评则给人落井下石的感觉，万万使不得。因此，在适当的时机说出适当的话，会显示一个人的职场情商。

由于西方社会已经形成了赞美的习惯，在这方面不妨借鉴他们的一些话术，看看西方人是如何赞美同事的。下面是英文赞美经典 18 句，供大家参考：

1.Nice going！（干得好！）

2.You did a good job.（你干得很出色。）

3.You look great today.（你今天看上去很棒。）

4.You're looking sharp.（你看上去真精神 / 真漂亮。）

5.You're very professional.（你很专业。）

6.You're so smart.（你很聪明。）

7.You're really talented.（你很有天赋。）

8.I admire your work. =I respect your work.（我对你的工作表示敬意。）

9.You have a very successful business.（你的事业很成功。）

10.I envy you very much.（我非常羡慕你。）

11.We're so proud of you.（我们为你感到骄傲。）

12.I'm very pleased with your work.（我对你的工作非常满意。）

13.You are very eloquent.（你说话很得体。）

14.You've got a great personality.（你的性格很好。）

15.You have a good sense of humor.（你很幽默。）

16.You look nice in that color.（你穿那种颜色很好看。）

17.You have a good taste.（你很有品位。）

18.You look outstanding. =You look like a movie star.（你看上去帅呆了。）

Part 8

有效人际交往的思维模式

人脉是拉开人与人之间层次的关键资源，而人际交往的模式决定了你的人缘，也就是说从某种程度上决定了你的人脉。想法决定做法，人见人爱还是人见人厌，取决于你的思维模式。

名片效应：缩短彼此的心理距离

名片效应指的是在人际交往过程中，如果率先表明自己与对方的态度与价值观相似，适当地向对方传递一些他们能接受和熟悉的，或者是他们喜欢的观点与思想，对方就会感觉与你有很多相似的地方，有助于拉近彼此的心理距离，从而建立良好的关系。

政治家都非常善用名片效应，里根曾经向一群意大利血统的美国人讲话，他说："每当我想到意大利人的家庭时，我总是想起温暖的厨房以及更为温暖的爱。有这么一家人住在一套稍嫌狭小的公寓里，但已决定迁到乡下一座大房子里去。一位朋友问这家一个12岁的儿子托尼：'喜欢你的新居吗？'孩子回答说：'喜欢，我有了自己的房间，我的兄弟也有了他自己的房间，我的姐妹们都有了自己的房间。只是可怜的妈妈，她还是和爸爸住一个房间'。"

里根的笑话明显地拉近了他与选民的心理距离，这就是名片效应的作用。在人际交往中，这是一种很重要的交际手段，高情商的人都非常善于通过名片效应与他人建立关系。

名片效应很好理解，实际上就是套近乎。如果你想与某个人建立联系，就需要赢得对方的好感，那么第一步就是拉近心理距离。

我记得当年在夜校进修时，由于上课迟到，坐在了最后一排，刚巧一位同学也来晚了，而课程很枯燥，还不如聊聊天，扩展一下人脉，所以我说道："刚来啊，前面没地方了，坐这儿吧。"

"是啊，今天加班，迟到了。"对方回答。

“我也刚到，堵车，课前点名又没赶上。”

两人相视苦笑。

之后，我陆续提了几个问题。例如：

你是哪里人？

做什么的？

你是哪所学校毕业的？

兴趣是什么？

……

很快我就找到了相似点，我们两个人都是首经贸毕业的。于是我抓住这个点深聊了一下，很快便热络起来，最后，留下了联系方式。

之后，无论谁迟到或者有事来不了，对方都会帮忙照应。

情商高手如果想和某个人建立联系是很容易的，他们善于快速确定彼此的相似性，从而将自己成功地推销出去。尤其是水平高的销售人员，一旦确定目标客户，就能够快速建立联系。

S是某保健品的推销员，她的工作方法与其他同事完全不同，别人在推销产品时，都是将自己手中的名片和产品宣传单发给路人，虽然每天发出去的单子很多，但是转化率低得可怜。很多路人直接婉拒，还有些人接过来走两步就扔掉，只有极少数人表示感兴趣，可结果是费劲介绍了半天，还是没有成交。

S的工作方法很独特，她不像同事们那样在路边、过街天桥发传单，而是将目标客户定位在中老年人身上，所以她总是一个人去公园溜达，有时候安静地坐在椅子上看书。

她一点都不着急，因为她很清楚，保健品推销必须要精确锁定目标客户，否则就是浪费时间。

她并不是在公园闲逛，而是寻找目标。一次，她看到一对母女在公园溜达，女儿怀孕了，挺着大肚子，好像是走累了正在找座位。

S看到了这个机会，于是赶紧给他们让座，说道："快过来坐吧，怀孕了不能累着，走一会儿休息一会儿。"母女两人对S表示感激。

"我去年刚生完孩子，可受罪了，我知道女人的不容易……"S正在找彼此的相似点。

就这样，双方聊了起来，S并没有推销任何产品，而是给母女二人讲了一些备孕方面的知识。

聊了一个多小时之后，还是对方先问道："你是做什么工作的？"

S这才进入正题，提到公司销售的保健品。不出意外，她很轻松就卖出了产品。

找到相似性，拉近心理距离，并不能决定事情的成败。但这是第一步，如果这一步走得不成功，也就不会有后面的机会。所以说，如何送出自己的"心理名片"很重要，这需要一定的技巧。掌握了正确的方法，再加上不断地练习，你会发现与他人迅速建立联系并不困难。

★你要有足够的信心

性格内向的人在沟通方面存在先天性弊端，如果你不敢开口，任何技巧都帮不了你。因此，你必须先建立信心，在沟通之前不能胆怯，要相信自己，不要怕出丑，刚开始出丑、被拒绝都是很正常的。自信一点，否则你还是准备一张纸质名片，送出去完事。

★识人术

平时学一些微表情、微行为方面的知识，在沟通过程中就可以根据对方的反应、变化做出调整，这样可以确保大方向不出错。

★形象、气质真的很重要

形象好的人，在人际交往中具有与生俱来的优势，我就见过一个很帅的大男孩，上公交没零钱，于是坐在一边的一位女士主动起身帮他刷卡，整个过程男孩只说了一句“谢谢”。如果你不是天生丽质也没关系，气质、谈吐完全是后天培养的，多在这些方面下功夫，绝对不会吃亏。

★学一些沟通技巧与心理学

沟通是一件很复杂的事情，需要掌握多方面的知识，如心理学。如果你能猜到对方想什么，就知道该说什么。另外，一些必要的话术也很重要，遇到什么人，在什么场合，你就会知道该说什么，不会出错。

★善于捕捉目标对象的相关信息

首先你要学会闲聊，也就是俗话说的“扯闲篇”，这就要求你掌握一定的知识储备，如关注新闻资讯，多读书，多参加社会实践……各行各业的信息都了解一些，这样在面对不同的目标对象时才能有的聊。例如，一般的销售人员只能与普通老百姓唠唠家常，而高级销售人员则能够面对企业家、大学教授等高端人士。他们不会怯场，因为他们知道该说什么，也都懂一点。一旦各类话题都能聊一些，就会很容易捕捉到对方所传达出来的有效信息，从而建立进一步的联系。

斯坦福演奏实验：“自我中心性”是愚蠢的第一表现

如今，人际关系最好、最受欢迎的一类人，都有一种共性：情商高，同理心强；而最令人厌恶的一类人，就是那些自私自利，永远以自我为中心的人。

美国耶鲁大学史端博教授认为，愚蠢的第一表现就是“自我中心性”。而美国斯坦福大学进行的一次实验则向我们展示了人类是多么的以“自我”为中心。

当年，美国斯坦福大学心理学系做过一项实验：研究人员将两名大学生分成一组，其中一人用手敲打桌子演奏某首歌曲，仅仅是敲打桌子来表现曲调，不带哼唱和其他任何形式的提示，更不能告诉听众歌曲的名字。另一个人则需要猜测对方演奏的是什么。当演奏结束后，扮听众的一方猜测歌名，并将其记录下来。演奏者则需要猜出并记录对方猜对的概率。

这种实验反复进行了几次，结果显示：至少有50%的演奏者认为听众在听过自己的演奏以后，应该能猜得出歌名，但实际上真正猜对的人却只有2.5%。

在这个敲打桌子演奏的实验中，被试以为自己能够清楚地将歌曲的信息传递给听众，所以自信地认为对方能够猜出歌曲的名字，这其实是以自我为中心的表现。

现实生活中，很多人习惯性地认为，自己有能力将想要表达的信息传递给对方，殊不知所表达的内容只是在自己心中很清楚，而传递到他人那里就变成了另外一些信息。

以自我为中心是人们的通病，正因如此，那些高情商且富有同理心的人非常受人欢迎。实际上，大部分人处于极端自私与极富同理心之间，前者是人际关系很差的人，而后者则是人缘相当好的人。

无论在工作还是生活中，人缘好的人都更容易获得成功，而且更幸福。他们中的一些人可能是天生具备很强的同理心，还有一些人则是通过多年的经验积累，培养出很高的情商，认识到“自我中心性”的愚蠢，于是努力克服自身的缺点，从而获得更好的人际关系。

自私的人太多了，每个人身边都可能有一个或曾经遇到过这样的人。“眼镜”就是我遇到过的最典型的例子。我们从小就认识了，他应该属于天生缺乏同理心的人，凡事只考虑自己，常常不考虑他人处境，对他人横加指责。因为比较熟悉了，有时候我看不过去，会毫不留情地直接指出他的问题，但是他只是停顿几秒，想一想，然后若无其事，该怎么办还怎么办。

后来我分析，他就是天生缺乏同理心，没有这种意识。

这样的人拿他没办法，因为认识很久了，也就从来不和他计较，实在看不过去就骂他两句，而他也就是呵呵一乐，不当回事儿。

然而，其他人面对“眼镜”时就完全没有包容力，最令我印象深刻的一件事，就是“眼镜”结婚时，他的家人、同事各一桌，唯独球友那一桌只来了三个人。要知道，这些球友几乎每周见面，按理说非常熟悉，而且“眼镜”也挨个通知了，可大家纷纷以各种借口推掉了。

后来我分析，踢球是最能看出一个人性格的运动，因为竞技比赛非常激烈，每个人的秉性暴露无遗，而“眼镜”这种自私的家伙就会非常招人厌恶，导致结婚都没人来捧场。

在人际交往中表现出的“自我中心性”是非常愚蠢的，这是典型的低情商的表现。聪明的人无论自身秉性如何，都会很好地进行掩饰，将缺点隐藏起来。只要稍微换位思考，就能明白人们为什么那么厌恶自私的人，因为这是人性的弱点，所以很多情商高的人在与人交往的过程中都表现得十分大方、宽容。

难道这些人的同理心很强吗？未必。一位研究人员曾经说过：越是身居高位的人越自私。然而看看你身边的领导，他们是不是在待人处事方面很圆滑，并没有表现得很自私？这就是高情商的表现，这些人际关系高手在职场打拼多年，早就悟出了其中的道理。

所以，无论你的秉性如何，在与人交往过程中，都要展现出高情商的一面，多为他人着想，将自己的缺点隐藏起来，这样才能赢得良好的人际关系。

分享一些必要的技巧：

★遇事先换位思考

遇到问题先不着急处理，给自己留一点时间，站在对方的角度考虑，确认自己理解了对方的立场之后再行动。这样一来，你就会意识到自己的不妥之处，从而减少说错话的概率。

★养成谦让的习惯

凡事一旦养成习惯，就不用过多地思考，而完全是下意识的行为。因此，平时培养自己谦让的习惯，遇事让一步。不去计较得失，不去思考对错，这样一来犯错的概率就会减少。

★平时多给别人小恩小惠

喜欢占便宜是人性的一个弱点，所以为了建立良好的人际关系，平时多施予一些小恩小惠，关键时刻一定会派上用场。

★用言语弥补行动

俗话说：会干的不如会说的。如果你认识到自己的缺点，主动承认错误，并坦诚表示自己真的控制不住，即便下一次再犯同样的错误，被原谅的概率也比较大。

比如，踢球的时候，队友处于推空门的有利位置，但是你就是想要自己射门。球没进，在挨骂之前赶紧表示歉意："这球赖我，太独了，我应该传球才对。"

即便队友知道下一次你可能还不传球，但是由于"有话在先"，骂你的冲动也就少了几分。

人格测试实验：拔高自己只会招致反感

美国心理学家做过一个实验：研究人员找来25名志愿者，这些人彼此熟悉，了解各自的优缺点。实验者请他们按照如下标签给每个人排名，也包括他们自己。这些标签分别是：

文雅、幽默、爱交际、聪明、讲卫生、自大、美丽、势力、粗鲁。

具体排名的方法为：幽默：1. Tom 2. Jason……文雅：1. Tim 2. Steven……

也就是说，每一个人都要对自己和其他 24 个人进行评价。实验结果显示，这 25 个人都有不同程度夸大自己优点和掩饰自己缺点的倾向。

例如，Tom 认为自己是最幽默的，但是他的平均分很可能排在最后几位，也就是说在其他人眼中，Tom 一点都不幽默。

该实验证明了人们总是会习惯性地高估自己，大部分人缺少自知之明。而这种特质，在人际交往中是招人反感的。

在我看来，适当拔高自己是正常的，既符合心理需求，也符合现实需要。例如，我们在遭遇挫折时，经常会通过阅读一些鸡汤类作品进行自我缓解，或者通过喊口号、打鸡血的方式给自己鼓劲儿，这样做是很有效的，能够增强自信。然而，这只是暂时的治疗方法，如果你习惯性地阅读鸡汤作品，只会让你变笨。

加拿大滑铁卢大学的心理学家通过实验证明，经常在社交网站上发表鼓舞人心名言的人更容易相信宗教、阴谋论及超自然现象，相信那些非常人能做的事情，但他们的智力水平和认知水平偏低。

再举一个符合现实需求的例子。以写书为例，作者简介往往看起来比较权威，照片也非常正式，很多作者会特意去照相馆拍照。这就是一种自我拔高行为，因为他们的简介或多或少有一些夸张成分。

这种行为让人讨厌吗？我觉得不会。但是如果一个人的简介挂上了十几个头衔，从我的角度来说，就有些反感了。这么多头衔，大部分肯定不是正职，因为根本干不过来；即便是兼职，很多职位也是虚的，没什么意思。

总之，我认为适当的自我拔高是可以接受的，也会被大家理解，但是如果在人际交往中过度拔高自己，就会影响到人际关系。

这类人往往是好大喜功、喜欢自我吹嘘的人，在工作中，这类人喜欢邀功求赏，甚至会抢功。他们自己不以为然，甚至认为自己的能力强，这样做的目的是帮助同事。殊不知，这样做会极大地损害人际关系。

如果你换过几份工作，在不同环境工作过，可能都会遇到这样的人。最开始你会迁就他们，但是时间长了，发现这类人很可恶，于是逐渐淡化了彼此的关系。

C是一个很漂亮的女孩，性格开朗，工作能力也不错，最初来到公司时很受欢迎，尤其受到男同事的追捧，因此在工作中很受照顾。但是很快同事们就发现，她是一个虚荣心很强的女人，尤其喜欢出风头。即便如此，大家还是让着她。可没想到，来公司半年之后，C开始与其他同事抢功，把别人的成绩说成自己的。因为她长得漂亮，在领导那里很吃香，所以很多时候都成功抢地走了不属于自己的业绩。

然而，以前同事处处让着她是因为没有涉及自身利益，这次一位同事被抢了业绩，吃了哑巴亏，从此跟C结了仇，工作中处处针对她。C由于喜欢出风头、拔高自己的特点，早就被很多同事看不顺眼了，这一次得罪了公司元老，结果对方联合了几位老员工，处处针对她，工作中也不支持她，让她很快露出原形。

没过多久，C就混不下去了，只好跳槽。

我想要表达的是，既然人性中存在高估自己的特点，而这一点又被证实会影响人际交往，那么我们在工作与生活中就应该格外注意。酒桌上吹两句没关系，喝多了谁也不会计较，但是不要带进现实生活。

我身边的人，越是本事大的人越没有脾气，莲花集团的总经理是我们球队的新成员，他总是笑呵呵的，从没发过脾气。踢球大家都知道，是竞技性运动，拼抢很激烈，撞一下、碰一下很常见，偶尔裁判吹错了哨确实恼火，但李总从来没急过。

这不是天生脾气好，而是一份阅历、一份经验。他很清楚，新融入一个团队要谦虚低调，如果一味地强调自己的资历，盲目拔高自己，只会招致其他队友的反感。

这就是聪明人的思维方式，他们不会刻意拔高自己，而是通过其他方式介绍自己，尤其是通过第三人介绍。

李总就是王律介绍来的，王律是一家律所的合伙人，他们的律所曾排到北京第六，据说年收入也超过了两个亿。王律也是一个十分低调的人，从没有发过脾气，也从来不说自己有多牛，我们知道这些信息，都是从其他人嘴里听来的，这才是真正的情商高手。

总结几点技巧：

Tip1：保持谦虚是最基本的素养。永远记住，本事越大的人，脾气越小。

Tip2：从他人的反应中更好地了解自己。在与人交往的过程中一定要注意观察，别人嘴上说的不一定是真的，但是写在脸上、表现在行动上的迹象，真实性远比语言高得多，这就是这么多人研究微表情的原因。

Tip3：如果有人给你提意见，一定要珍惜，并虚心接受。把你当朋友，才会给你忠告，如果我根本不在乎你，多讲一句话我都嫌多。

Tip4：日日反省。每一天我们都会和别人打交道，在交往行为结束时，学会总结与反省，回顾交往时对方的反应，看看自己哪里做得不好。每天反省，会让你迅速提高交际技巧。

投射心理：为什么我们会没有缘由地讨厌某人

《天方夜谭》中讲过一个故事：

一位渔夫出海打鱼，捡到了100枚金币，他担心被国王抢走，于是用皮鞭抽打自己，用这种自虐的方式证明自己是一个可怜的穷光蛋。

国王怎么可能在乎他的100枚金币呢？完全是渔夫以己度人，因为如果换成他，看到别的渔夫捡到了金币，就会想要抢过来据为己有。

这就是投射效应，也可以称为投射心理，它指的是人们习惯以己度人，认为他人也具有与自己相同的特性，习惯于把自己的某种情感、意志、观点或某种特性投射到他人身上，并强加于人。

投射效应导致人们在认识他人的过程中，通常会主观地认为他人也具有与自己相似的性格、偏好等。比如，心地善良的人总会认为世人皆善，而那些敏感多疑的人会经常怀疑身边的人不怀好意，自我感觉良好的人会认为自己被他人爱戴等，这一切现象都是投射心理在起作用。

心理学家罗斯为了研究人们的投射心理现象，做过一个很著名的实验。他在参加实验的 80 名大学生中征求意见，询问他们是否愿意背着一块大牌子在校园里走来走去。结果发现，48 名大学生愿意背着大牌子在校园里走动，且认为大部分学生也会乐意这样做。而拒绝背牌子的那些学生则普遍认为，肯定只有少数学生愿意背着大牌子在校园里走动。可见，这些被试已经将自己的态度投射到了其他学生身上了。

罗斯发现，在下面两种情况下，投射效应最容易发挥作用：

A. 当对方在年龄、职业、社会地位、身份、性别等方面与自己比较相似时。

当人们来自同一个群体时，会认为彼此具有一定的相似性，这时便不会完全实事求是地根据自己观察所得到的信息进行判断，而是理所当然地认为他人也有与自己一样的特性。

例如，你是一个跑步爱好者，加入了一个长跑群，每个周末你都会参加跑步活动，而你也认为所有群员都应该积极参加活动，所以对那些没有参加活动的人非常不理解。

B. 研究人员还发现，人们喜欢评价与自己特征相似的人，喜欢相互比较，但总是认为对方比自己差。这是投射心理的一种自我保护机制，把自己的缺点投射到他人身上。

投射到他人身上的缺点，往往是自己不能接受的。例如，你参加一场马拉松比赛，最后五千米实在跑不动，放弃了。你知道这是一种失败的举动，心里很不舒服，然后看到还有很多人像你一样也放弃了，于是非常开心，以此缓解自己心中的不安。

从投射效应的分析来看，我们为什么会没有缘由地讨厌一个人？实际上，我们是在讨厌自己的某些特点。

有些姑娘在看到邓文迪成功牵手比自己年龄小一半还多的帅男孩之后，情绪上受不了。一些姑娘不停地抱怨，有些失控的姑娘甚至破口大骂以宣泄情绪。

为什么自己比她年轻，比她漂亮，结果却找不到合适的男朋友？

抵触心理毫无迹象地涌上心头，心理学家告诉你，世界上没有无缘无故的爱，也没有无缘无故的恨。

这些姑娘之所以抱怨，是将自己的缺点投射到邓文迪的身上，这也符合投射对象的要求。人们一般会将缺点投射到比自己优秀的人身上，尤其是名人，因为他们会安慰自己：名人都有无法避免的缺点，何况自己是一个普通人呢？

有时候，人们会感到疑惑，为什么自己特别讨厌的人身上存在着明显的缺点，别人却不觉得呢？

这种情况很可能是因为，他或她身上折射出的是你的缺点。

以前有一个同事向我抱怨，说来到一个新环境之后，人际关系很糟糕，张三不好说话，李四事儿太多，王五为人苛刻，赵六爱打小报告……

他已经不是第一次抱怨了，几乎每次换到新环境，都会出现这样的问题。后来我意识到，问题的根源不是别人，而是他自己。

当年一起工作的时候，他的人缘就不好，所以我分析他的问题是将自己的缺点投射到了新同事身上，很可能别人也是这样看待他的。

在人际交往中，当我们无缘无故讨厌某个人的时候，一定要引起注意，如果只有你特别讨厌对方，那么很可能是因为他或她身上拥有和你一样的缺点，或者说你不喜欢的特质。你可能受到投射心理的作用，将这些不好的特质都投射到对方的身上。

实际上，如果你能意识到这一点，将会是一种很好的自我检验方式，可以反省并改正自身存在的问题。

我们永远认为自己是对的，别人是错的，这是一种本能。

这种本能是人际交往中的认知障碍，我们会因此搞砸与他人的关系。所以，我们要尽可能地改变这一点。

★当你没有缘由地讨厌一个人的时候，最好的办法是离他或她远点

所谓眼不见心不烦，如果你不愿承认自身的缺点，或者说没必要自我反省，那么就与这个讨厌的家伙保持距离。如果你们是同事，只保持工作方面的正常交流即可，没必要成为朋友。

★从自身找问题，并根据情况做出改变

当你特别讨厌某人时，如果你希望改善彼此的关系，或者说找到自身存在的问题，不妨从自身找问题，仔细分析到底讨厌对方的哪一点，然后检视自我，如果自己也存在这样的问题，赶快改掉。从长远来看，这样做会帮助你提升人际交往能力。

★关注自己的情绪，在恶化之前做出干预

平时学会观察自己的情绪，在情绪恶化之前做出干预，这样就不会影响人际关系了。身在职场，大家都戴着一张叫作“职业性”的面具，每个人表面都表现得很和气，然而如果你特别讨厌某人，还是会被对方察觉，从而影响人际关系。

如果你善于观察情绪，提前启动干预行为，就可以避免情况恶化。

★认输也许并不会吃亏

一旦你被对方意识到敌意，别急着吵架、互怼，毕竟是你先表现出的敌意，所以不妨学会示弱，以减少对方的厌恶感。

霍桑效应：把话语权交给对方

霍桑效应是指那些意识到自己正在被别人观察的人，具有改变自己行为、言辞的倾向。运用到人际交往方面，我们在与某人沟通的时候，为了得到更多信息，同时为了让沟通更加愉快顺畅，要学会倾听对方，并将话语权交给对方，而不是自己滔滔不绝讲个没完。

美国有一个著名的霍桑工厂，这里有完善的娱乐设施，员工的养老金制度和医疗制度也很健全，但是员工仍然很不满意，工作业绩也无法达到预期。

为了探究其中的原因，美国的研究人员进驻该厂，进行了一次谈话实验：研究者制订了访谈计划，并迅速开始执行。这个计划最初的想法是让工人们讨论一下领导的态度、管理当局的规划和政策以及工作条件等问题。但在实际的谈话过程中，员工们的谈话内容和领导们所要求的谈话内容相差很大，领导认为重要的事情不是员工们认为重要的事情，他们所谈的内容涉及工厂的方方面面，内容很广泛。

针对这一现象，研究者及时改变了访谈计划，不限制员工的交谈话题，而且谈话时间也从原来的30分钟延长到了一个半小时。研究人员详细记录了员工对工厂生产和发展提出的各种不满和意见。经过两年的实验，研究人员收集了工人们长期以来对工厂各项管理制度和工作方法的不满，也收集到了很多建议和对策。

这次访谈为工人们提供了一个发泄机会，也使他们的建议和想法成了工厂发展考虑的因素，由此他们心情舒畅，士气高昂，生产量也跟着有了大幅度的提高。

这个实验的启示在于，在与他人交往的过程中，我们常常以为自己知道对方对哪些话题感兴趣，也总是觉得自己知道得比对方多，对问题的理解比对方深刻，所以经常占据话语的主动权。结果，这样的沟通达不到效果，对方无法正确表达全面的想法，你也无法了解真实的信息。最关键的是，大家讨厌那种滔滔不绝讲个没完的人，认为这些人自以为是。

在一期快速约会的节目中，一位男嘉宾就像培训师一样，不停地说，完全没有给女方机会。很显然，男嘉宾希望在 8 分钟的时间内尽可能充分地表达，然而他完全忽视了女方的兴趣点，只顾着自己说。最后，他讲了 7 分钟关于工作的事，以为这才是女方最关心的，没想到女孩问道："你喜欢养猫吗？"

男嘉宾刚要继续说，时间到了，只好继续转到下一桌。

每个人都有强烈的表达欲望，所以倾听才会如此重要。在与人交往的过程中，为了更好地沟通，迅速建立良好的初步关系，就要将话语权交给对方。

为了更好地与人交往，你需要了解一点，那就是每个人都喜欢聊自己，让他们说痛快了，这次沟通就算成功了一半。

如果你的目的不是表达某种强烈的意向，那么把话语权交给对方，而自己则扮演一个倾听者的角色，这样就会很好地激发对方的表达欲，你也会收集到更多信息。

那么，如何成为一个良好的倾听者呢？并不是说一言不发傻坐着，把耳朵交给对方就行了，这样也不会形成良好的沟通效果。

以下是一些技巧，可能对你有所帮助：

★不要急于发表自己的意见

情商高手在沟通过程中不会急于表达自己的想法，以免说错话。他们会在认真听取他人意见之后，迅速厘清思路，然后再做出合理表述。

★不要打断他人说话

打断他人说话是一种不礼貌的行为，不仅是对对方的不尊重，也会造成对方思路混乱。如果对方正在说一些你很感兴趣的信息，但是由于思路中断，换了话题，就会给你造成损失。

★点头示意

在聆听过程中，要适时点头示意，表示认同。另外，还要加上面部表情，或微笑，或忧虑，这样才能被称为有效反馈。

★在交流时保持目光接触

频繁的目光接触才能证明你对他讲的内容感兴趣，即便没兴趣，也要看着对方的眼睛，装出感兴趣的样子。当然，除非你想要结束这次对话，可以东张西望或者看看手表。不过，这是很无礼的表现，会让对方感到十分失望。

★有效重复对方讲的重点信息

在聆听过程中，重复对方的话有两个效果：第一，证明你在认真听；第二，有助于对方继续讲下去。记住，必须是有效重复，唠叨不算，要重复关键点。

举例来说：

“我超喜欢《权力的游戏》这部美剧，里面的琼恩·雪诺太帅了！”

“是啊，基特·哈灵顿（琼恩·雪诺饰演者）的气质太适合守夜人的角色了。”

这个例子就是有效重复，而不是简单的鹦鹉学舌，很显然两个人都熟悉这部美剧，很容易引出更多的共同话题。

双耳分听实验：捕捉关键信息的技术

双耳分听实验的本质是让被试的双耳同时听见不同的信息。要求被试重复一只耳朵（追随耳）所听到的信息，而忽略另一只耳朵（非追随耳）所听到的信息。

美国心理学家彻里进行了这项实验。他给被试准备了两种材料，让被试大声追随从一个耳朵听到的材料，并检查被试从另一耳获得的信息。前者被称为追随耳，后者被称为非追随耳。

结果显示，被试从非追随耳所得到的信息很少，当原来使用的英文材料改用为法文或是德文呈现时，或者将材料颠倒时，非追随耳所获得的信息也很少。

彻里由此做出判断，认为从追随耳进入的信息由于受到注意，得到了进一步的加工、处理，所以能在被试脑海里形成深刻的印象；而从非追随耳进入的信息由于没有受到注意和刻意的加工，因此很少被人们接受。

英国心理学家布罗德本特也做过类似实验，他向被试的左耳报数6、2、7，向右耳报数4、9、3。

之后，布罗德本特要求被试采用以下两种方式复述：以耳朵为单位分别复述左右耳所接收的信息，如6、2、7、3、4、9；按双耳同时接受信息的顺序成对地复述，如6、4、2、9、7、3。

结果显示，以第一种方式复述的正确率为65%，以第二种方式复述的正确率仅为20%。如果研究者不做出限制，那么大多数被试都会采用第一种方式。

上述实验表明，人们更容易接收从同一个通道进入的信息。之后，相关心理学家又陆续做过一些实验，证明未被注意到的信息实际上已被注意，并未丢失，而且根据信息对人们的重要程度，注意会有不同的阈限。

如果非注意通道信息的内容与你非常相关，那么它就能捕捉你的注意力，使信息在一定程度上获得加工。因此，捕捉信息的内容和一个人注意力的投入是相关的。

上述实验的核心思想运用到人际交往中，实际上就是捕捉关键信息的能力，需要培养个人注意力与记忆能力。

这项能力是很重要的。比如，开会的时候，老板给你布置任务，一共说了三件事，你只记住了一件。会后你又不敢问，最后导致任务没有完成挨了骂。

人的注意力具有很强的选择性，当你在琳琅满目的货架前，看到五颜六色的商品时，你可能只受自己购物的动机驱使去选择物品。

如果在鸡尾酒会上，有音乐声、谈话声、脚步声、酒杯餐具的碰撞声等，当你的注意力集中于欣赏音乐时，你就会对周围的嘈杂声或是他人的谈话充耳不闻；而当你对别人的谈话感兴趣时，就不会注意室内播放的音乐。

以上都说明进入感觉器官的信息是可以过滤的，无论环境怎么改变，只要集中注意力，人们就可以从中听取到必要的信息。

在交往过程中，这项能力就显得尤为重要，虽然很难将所有信息都记下来，但是我们可以利用这项能力捕捉到关键信息。

当你面对不熟悉的领域时，就需要运用这项能力。假设你是一位销售人员，在面对客户的过程中，对方提出了一些技术问题，而这些不属于你的职责范围，如果你就这样回绝客户，很可能丢掉这笔订单。

虽然客户讲到一些很复杂的技术指标，你根本听不懂，但是你可以搜集一些关于产品方面的关键信息，一旦涉及你的专业内容，就可以重新掌握话语权。

介绍一些关键技巧：

★沟通过程中迅速确定核心问题

人的注意力是有限的，在与人交往的过程中，同一时刻所能注意到的、加以过滤和筛选的信息也是有限的。然而说话的一方也许并没有意识到这一点，或者根本不清楚这个理论。比如，很多领导给员工布置任务只顾着自己说，列出 1、2、3、4、5，根本不管员工的接受能力。

针对这种情况，倾听的一方就必须迅速确定核心问题，将注意力集中在此，这样才能保证最大限度地捕捉到关键信息。

★提前做好准备

要想记住更多内容，就需要提前收集相关信息。对于不理解的内容，我们只能强制记忆，最好依靠一些设备记录。如果你想靠大脑记住更多，就要先收集信息，做好准备工作，当别人讲的时候，你能听懂的内容越多，记住的内容也就越多。

★平时注意培养自己的记忆力和注意力

记忆力和注意力是需要不断练习的，类似的训练有很多，每天都应该进行有针对性的训练。

留白效应：与人交往，要学会留有余地

留白效应源自书法绘画上的一种手法，整幅画中留下空白，给人以想象的余地。一幅画，着墨不多，却给人留下了无限的想象空间，让人回味悠长。你完全可以把自己的思想感情融于其中，在无限遐想中得到美的享受和哲理的启迪。这就是绘画中的留白，心理学家将其引申为“留白效应”。

无论在绘画还是书法之中，运用留白手法最高超的都是艺术大师，他们对留白的运用可谓驾轻就熟、炉火纯青。如八大山人的画，处处留白，

处处有意，空灵虚幽，方寸之间而显天地之宽；再如，黄宾虹的山水画，看似处处不留余地，实则处处留白，尽精微而致广大，浑厚华滋，自然天成。艺术大家往往是留白的高手，而在职场，善于运用留白效应的人，往往也是那些情商极高的职场“老油条”，他们很会做人，看破不说破，点到为止。

20世纪初，传世名作《蒙娜丽莎》曾经被盗，之后出现了很奇怪的现象，人们纷纷到博物馆观看原来挂过这幅名画的那面空墙。两年过去了，据统计，来博物馆看那面空墙的人竟然比过去12年欣赏《蒙娜丽莎》原作的人还多一倍。

传世名画被盗，当初挂着这幅画的空墙则引发了人们无限的遐想，这就是留白效应的作用。

再来说说女皇武则天，她一生政绩卓然，但心狠手辣，私生活奢侈、放荡，所以毁誉参半。这可难坏了众大臣，因为他们不知道如何撰写武则天的碑文，于是只好请教武则天本人。

武则天想了想说：“树一面碑就可以了，但碑上不要写一个字。我的功过是非，由后人评说。”武则天的无字碑文一字未铭，留给后人无限遐想。

人际交往中，留白效应的作用是很关键的，这是一个考验情商的时代，很多事应看破不说破，很多话也要点到为止。

运用留白技术，给对方留下遐想空间，让他们自己去感受、去品味、去想象、去反思。悟得出来就会明白该怎么做，悟不出来也没有办法。

留余地，就是留退路，也是留活路。与人交往，话说得太直接、太明白，势必伤人，你伤了别人，别人总会找机会还回来。

试想一下，如果你是领导，怎样才能让下属创造出高绩效？是每天都逼他们，还是留出余地？

高压政策的确会出成绩，但是也会让人承受不住，这就面临心理崩溃的风险。如果把员工逼得太狠，超过了他们的承受能力，他们要么辞职走人，要么与你发生激烈争吵，造成的影响可能会很深远。

相反，高情商领导往往会给员工制造一个相对宽松和自由的环境，布置任务的时候，没必要下达死命令，把利害关系点出来就行了，稍微有点经验的职场人士，都会明白。

当年做部门经理那会儿，我与下属关系非常好，大家也很支持我，这主要源于平时关系的维护。有一年夏天，公司为提高业绩，更换了部门总监，新来的总监可是狠角色，不仅经验丰富，而且手段强硬，来公司当天就给我一个“下马威”。她让我从手底下的员工中选出三个到五个能力强的，之后采用末位淘汰机制，目的是筛掉那些平庸之辈。而且限我在三个月之内将部门的业绩搞上去，否则跟他们一起滚蛋。

很显然，新来的总监不懂留白效应，她虽然能力很强，但是情商不高，在不了解公司情况的前提下，把所有人逼上绝路，没有留一点余地。

总监虽然有公司支持，却没有得到下属的支持，她不断向我施压，我却并没有将这些压力转嫁到员工身上，而是独自扛了下来。下属们也看在眼里，记在心里，上下一条心。后来，我们将事情反映到公司高层那里，当时正值年底，属于抢业绩的关键期，而当时底下的员工已经摊牌，要么换掉新来的总监，要么换掉整个部门的员工。

公司高层也下来了解情况，无奈之下，将这位新来的部门总监调到了其他部门。最终，部门业绩也上来了，公司方面、员工方面都比较满意。唯独新来的总监被气得够呛。

说话办事要留出余地，人际交往是一项极为复杂的艺术，绝不能简单地“一刀切”。分享一些经验：

★点到为止，话没必要说得太透

说话是一门艺术，人际交往中，有些话说透了会伤人。所以，点到为止，聪明人一定会悟出来，实在想不明白的人，也不值得期待。

★别把事做绝了，得饶人处且饶人

有些人情商低，做事一根筋，结果得罪了很多人。也许暂时没出问题，但是别人一定会记恨在心，也许在你都已经忘记这件事的时候，给你使绊，坏了你的好前程。

黑暗效应：选择谈话环境、时机很重要

黑暗效应是指在光线比较暗的场所，约会双方看不清对方的表情，更容易减少戒心而产生安全感。在这种情况下，彼此产生亲近的可能性就会远远高于光线比较亮的场所。

曾经有一位男士非常爱慕某位女子，但是每次约会时，男子总觉得双方话不投机，让气氛很尴尬。思前想后，他把女孩子约到一家光线较暗的酒吧，认为这样能够放松一点，不那么紧张。结果正如他所料，这次谈话很融洽。此后，他们每次约会都会选择灯光较暗的地方，一段时间之后，他们正式确定了情侣关系，并最终结为夫妻。

该男子正是利用了“黑暗效应”，在光线较暗的场所约会，彼此看不清对方表情，很容易减少戒备感而产生一种安全感。在这种情况下，彼此产生亲近的可能性就会远远高于光线比较亮的场所。

社会心理学家研究后得出结论，在正常情况下，一般人会根据对方和外界条件来决定自己说出多少心里话，特别与一些不太了解却想继续交往下去的对象，既有一种防备心理，又会自然而然地将自身优秀的一面展示出来，而把自己的弱点和缺点尽量隐藏起来。

美国《消费心理学杂志》曾经刊登过一项最新研究，人们的情感反应在较强灯光下更激烈，在光线较暗的环境中更温和。例如，夫妻在交谈之前将灯光调暗，吵架的概率就会大大降低。

来自美国与加拿大的科学家做过一次联合实验，他们将被试随机分为两组，一组置身灯光较强的环境，另一组置身灯光较暗的环境。

第一项实验中，研究人员让被试观看一段假想广告片，主人公因为上班迟到而情绪不好。结果发现，来自光线较强环境下的被试大多认为这个人带有攻击性，而来自光线较暗环境下的被试则很少这样认为。

第二项实验中，被试要对一组词汇所表达的情绪感觉进行分类，如积极词、消极词和中立词等。结果发现，灯光较强环境下的被试认为“微笑”“鲜花”等词汇更积极，“医学”“牙医”等词汇更消极，而两组被试对于中性词汇的评价没有区别。

“医学”和“牙医”是明显的中性词汇，而来自光线较强房间内的被试情感反应更激烈，认为这是消极词汇。

研究人员认为，两组受试者的差异主要是由于较强灯光下人们对热量的感知增强有关。心理学家认为，灯光太亮，会让人觉得彼此具有“攻击性”，同时也会增强人们对情绪化言辞的敏感性。反之，在光线较暗的地方，由于双方看不清彼此的表情，戒心也就相应降低，彼此更容易产生亲近性。这种现象被称为“黑暗效应”。

心理学家认为，“黑暗效应”还可以解释为什么人们在灯光昏暗的酒吧和舞厅更容易邂逅陌生人，甚至产生恋情，因为人们在这样的环境能够更加放松，降低警惕性和戒备心，从而更容易敞开心扉。

在人际交往中，如果善于运用黑暗效应，也会让沟通变得更容易。例如，与不熟悉的人交往时，彼此都会有一定的戒备心，想要迅速建立良好的关系很困难，这时如果选择合适的谈话环境，并掌握好沟通时机，就能够有效降低对方的戒备心理。

当年在酒店上夜班，最开始每天晚上两个人值班，忙到凌晨时分也就没什么事了，于是开始闲聊。我发现一个很奇怪的现象，晚班时同事聊的内容跟早班完全不一样，白天聊天时多是泛泛而谈，而晚上大家似乎更愿意表达真实的想法。虽然抱怨多一些，但也拉近了彼此的关系。

那会儿，领班和女员工不用值夜班，几个男生轮流倒班，结果一个月之后，几个男生的关系更为紧密，平时下班之后还经常喝上一杯。后来想一想，原因就在于“黑暗效应”。由于晚上大堂的灯光较暗，事也没有白天多，大家的戒备心有所降低了，更愿意敞开心扉，沟通起来也就更融洽。

我记得有个新来的小胖子，由于刚毕业，缺少工作经验，工作中总是出错，白天没少挨领导批评，经常一副郁郁不得志的样子。

我试着与他沟通，但是小胖子戒备心很强，于是我就等待机会。当我们一起值夜班时，十二点一过，大堂的灯光变暗，我开始有意跟他交流。这一次，他放下了戒备心，开始敞开心扉，将心里积郁已久的情绪都发泄了出来，讲自己的不公平待遇，说领导有意为难他，等等。

这次谈话之后，我们建立了很好的关系，工作中我也对他很照顾，至此，小胖子成了我的好友。

在采用黑暗效应时，有一些需要注意的地方：

★挑选光线较暗的环境

只需要注意一点，如果与异性同事交谈，在不想追求对方的前提下，可以选择光线较暗的餐厅，但不要去电影院，否则会被误解，给双方造成尴尬。

★交谈时机也很重要

并不是环境暗下来就适合交谈，有时候也要看准时机。比如，灯光刚刚变暗，对方还没有适应，没有进入状态，这时沟通就不合适。你需要仔细观察，感觉对方情感、状态到位之后，找机会开始切入话题。

邻里效应：熟人好办事的心理学

有个人花了 1100 万元买房子，明显高于市场价，别人纷纷表示太贵了，这个人却不以为然，表示不贵。他说："房子不贵，100 万元是买屋，另外 1000 万元是买邻居的。"

好邻居有多重要？咱们老百姓都明白一个道理，"远亲不如近邻"。不仅是老百姓，那些富豪更是对邻居的身份很看重，因为邻居对他们来说，已经代表了一种圈子文化。2009 年，马化腾想购买香港石澳大浪湾道价值 4.8 亿元独栋别墅，没想到在这里买房不是有钱就能解决的，还需要征得邻居们的集体同意才可以。由于最开始是找人代购，所以购房请求被否决了。据说最后马化腾不得已亮出自己的身份才成功入住。可见，超级富豪对他们的邻居更是十分挑剔。

邻里效应指的就是彼此感觉很熟悉的人，会增加人际间的吸引程度。

20 世纪 50 年代，美国社会心理学家做过一个实验。他们对麻省理工学院 17 栋已婚学生的住宅楼进行了相关调查，这种二层楼房每层都有 5 个单元住房，入住的人住到哪一个单元，纯属一种偶然情况，哪个单元里有老住户搬走，新的住户就搬进去。心理学家咨询了所有住户的主人：在这个居住的小区中，与你经常打交道的最亲近的邻居是谁？

统计结果表明，住得越近的人，交往次数就越多，而且关系越亲密。在同一层楼里面，与隔壁邻居交往的概率是 41%，与隔一户的邻居交往的概率是 22%，与隔三户的邻居交往的概率就只有 10% 了。

这种现象很容易理解，距离近的人，接触的概率就多。相反，距离远的人，接触的概率就少。关系再好的人，长时间不见面，感情也会变淡。

以前的闺蜜，如果很长时间未见，打电话都会感觉找不到话题。因此，将邻里效应运用到人际交往中，增加接触频率，就可以建立良好的人际关系，那么求人办事和获得更进一步的利益就会很容易了。

实际上，邻里效应反映的就是一种圈子文化。当年认识一位培训公司的朱总，他就卖掉了两套老房子，在海淀区一处高档社区买了房，问他为什么，他说柳传志住那儿。

很多人对此不屑一顾，他们表示现在住楼房，不像以前住在大院方便聊天。回家之后门一关，对门住的是谁都不知道。在我看来，这就是思维模式的问题，如果不改变这样的观念，谁也帮不了你。

试想，如果你们家对门住的是马云、马化腾，每天见面也就点头示意？这么浪费资源，不叫清高，只能叫脑子轴。开句玩笑，你怎么也得问问马云“双十一”有没有优惠，问马化腾要点《王者荣耀》的装备吧。

心理学有一个曝光效应，也叫多看效应、露脸效应，指的是经常露脸就会赢得他人好感。这是一种增强人际吸引力的方式，邻里效应也是如此。如果你想要与某人搞好关系，首先要拉近空间距离，增加接触的机会。

我认识的很多人搬到了高档小区，因为客户、生意伙伴都住在里面，他们搬进去并不是单纯地为了提升生活质量，而是为了经常接触这些生意伙伴，这样才有更大的机会。

物以类聚，人以群分，圈子之外的人很难分到圈子里的油水。王律是我们球队的老大哥，他的律所最好的时候排在北京第六位，他的活儿大部分是熟人介绍的。

如今，年过半百的王律不仅精明，而且情商极高，和他在一起会非常舒服，从来不会拘谨。平时，王律为了维护关系，经常把有业务往来的朋友往一起凑。比如，将不会踢球只为健身的张哥拉到球队，他是做公司装修生意的，每年也能做到一个亿左右。前一阵子把农业部退休的会长拉了进来，他现在是莲花集团的总经理。

我想表达的重点是，越是层次高的人，越懂得邻里效应的重要性，因为这些人平时都很忙，如果没有直接的生意往来，可能一年都见不上一次。然而，如果交往时与他们的兴趣爱好结合起来，那么每周都有可能见上一面。比如，这些人都喜欢踢足球，无论工作多忙，每周都会尽量参加，尤其是李会长，你甚至可以在网上找到他的帖子，叫“球痴老总”之类的。

踢完球之后，再找地方喝上一杯，聚一聚，如果有什么项目，没准儿就能帮到谁，如王律的很多项目都是靠朋友介绍的。

如果你不做生意，或者阅历尚浅，可能还不明白其中的道理。我年轻的时候也是如此，由于性格内向，特别反感这种事，觉得这是在拍马屁，阿谀奉承。之后自己创业才逐渐明白，单靠个人能力想要闯出点名堂真的太难了，没有人脉，大多数创业者无法成功。

也许有人对本节的内容感到反感，我完全尊重每个人的看法。怎么做是个人选择，我只阐述我的观点，具体怎么做最终还是由你自己决定。

拆屋效应：谁会残忍到连续两次拒绝你呢？

拆屋效应有点像登门槛效应，指的是一个人一旦拒绝了他人所提的较大或较多的要求，接着如果再拒绝这个人所提的较小或较少的要求时，心里就会产生一定程度的歉疚感。

鲁迅先生在《无声的中国》一文中写下了这样一段文字：“中国人的性情总是喜欢调和、折中的，譬如你说，这屋子太暗，须在这里开一个窗，大家一定是不允许的，但如果你主张拆掉屋顶，他们就来调和，愿意开窗了。”这种先提出很大的要求，接着提出较小、较少要求的现象，在心理学上被称为“拆屋效应”。

为此，心理学家做过实验。他们请来10个被试，研究人员把被试分为两个小组，然后分别询问他们问题。研究员对第一个小组的被试说："如果我要在你家的后院修建一个化学工厂或者进行化学实验，你同意哪一个？"

研究员对第二个小组的被试说："我们需要在你家的后院进行化学实验，你同意吗？"结果发现，第一组里面竟然有三个人同意在后院进行化学实验，不同意开化学工厂，而第二组则没人同意在后院进行化学实验。

实验结果表明，通常情况下，人们并不愿意连续两次拒绝同一个人，第一次拒绝之后，心里会产生愧疚感，所以当对方再次提出一个相对容易接受的请求时，就会尽量地满足他。

在与人交往中，我们可以有效地利用拆屋效应达成目的，千万不要被不好意思害了。很多人碍于面子，不好意思开口，结果错失了很多机会。

这是一个竞争非常激烈的时代，如果你无法适应，那么最好的方法就是退出。"人"字一撇一捺，本来就是相互支撑的。做事情也是如此，能帮一把的尽量帮，因为说不定其他方面别人就能帮到你。

对于这一点，做生意的人看得很明白，我认识很多生意人都表达了同样的观点，只要不是存在直接竞争关系的，他们都会帮忙。如果你是创业者，他们更愿意帮你一把，而不会因为嫉妒而拒绝帮忙。

做生意的人时间都很宝贵，他们都不怕耽误时间，反倒是很多打工者想不明白。我也认识一些基层员工，他们的想法就不一样，"你又不给我钱，我凭什么帮你？""我没这闲工夫！""我可不管闲事"……

实际上，这些人的想法决定了命运，他们的路越走越窄，人到中年却依旧在从事基层工作。

扯远了，我想表达的重点是如何通过拆屋效应实现自己的诉求。首先需要克服的就是不好意思的心理倾向，你不好意思，有的是人好意思。特别是那些具有强烈企图心的人，这类人往往是很有上进心的人，竞争意识很强。

我认识一个喜欢踢球的投资人，他加入了很多支球队，有时候在场边看一会儿，就会走上去要求加入球队，他可能高估了自己的人缘，所以经常被拒绝。但是他厉害在哪里呢，对于这种拒绝他根本不放在心里，转身走向了另一支球队。

后来认识了几个投资圈的人，才知道他们被拒绝简直就是家常便饭，就像销售人员一样。开始会觉得这些人有点厚脸皮，明摆着别人不愿意和他一起玩，但是他硬往圈里挤。

后来才意识到，如果连面子都放不下，那么也就别想成事了。再看看身边那些“厚脸皮”的人，都比自己成功。

观念想通了，事就容易了，拆屋效应就是人际交往中的一项技巧。求人办事，第一次不行，90% 的人可能会退缩，也就是说只剩下 10% 的人还存在成功的机会。

剩下 10% 的人会再提出一次请求，如果方法得当，要求合理，这次被满足的可能性就会大大提高。

曾经在网上看到一位很不错的作者，就职于全球最大的咨询公司，我想让对方写一本书。第一次联系被拒绝了，我并没有着急跟进，而是过了一段时间，发现这位作者又写了新的内容，我觉得很有意思，于是硬着头皮再次发出邀请，没想到这一次成功了。

拆屋效应绝不是屡试不爽的沟通技巧，一定要根据具体情况决定是否采用，如果逢人便用这种方式，只会被人厌恶。那么，我们应该在什么情况下，怎样使用这种技巧呢？

★当第一次要求被拒之后，第二次提出一个较小的要求

这也是拆屋效应的核心点，第一次拒绝别人之后，心里会产生一定的愧疚感，这时如果对方再提出一个较小的要求，也就不愿意再次拒绝别人。

很多销售人员抓住了客户的心思，经常采用连续请求的方式实现自己的诉求，他们第一次提出的要求往往不是真实需求，第二次才是真正的目的。

★你要确定对方不讨厌你

采用这种技巧的前提，必须确定对方不讨厌你，最好是对你有些好感，这样才能提高第二次提要求的成功率。

一个邋遢的流浪汉追求女白领，提多少次要求成功率都不会太高。

★锻炼心理承受能力

如果你过于在意别人对你的看法，你可能很难做出什么成就，想成功就不能害怕被拒绝。试想一下，如果当年马云没有强大的心理承受能力，还会有今天的阿里巴巴吗？

★怎么说也是很关键的

第一次被拒绝之后，你需要分析原因，当你第二次再次提出请求时，一定要想好措辞。首先说话要让人舒服，其次激发对方的愧疚感，这都需要平时多多练习。

Part 9

激发个人快速成长的思维模式

个人极速成长的关键取决于思维模式，脑子活了，事就好办了。所以在成长过程中，我们最需要提高的是思维能力。激发大脑潜能，开启急速成长之路吧。

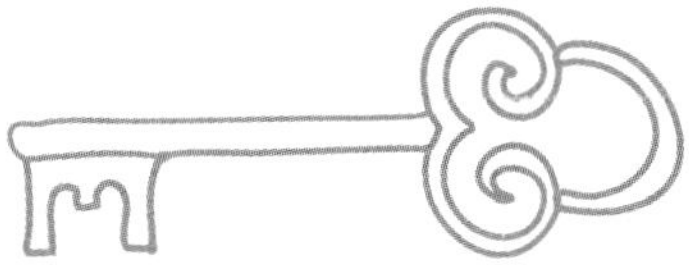

定位效应：慎重吧！选择决定人生

三个不同国籍的人被关进了监狱，刑期三年。在服刑之前，监狱长同意满足他们每个人一个要求。

美国人喜欢抽雪茄，所以他不假思索地向监狱长要了三箱雪茄。

法国人天生爱浪漫，他希望自己和心爱的人一起度过痛苦的监狱生活，于是向监狱长要了一个貌美的女子。

另一个是以色列人，他是一个犹太人，拥有灵活的生意头脑。所以，他向监狱长要了一个能与外界联系的电话。

监狱长一一满足了他们的要求。

刑期结束，三个人刑满释放，美国人出狱之后第一件事就是找打火机，原来他一时糊涂只要了烟，却没有要火。

三年时间过去了，法国人已经有了好几个孩子。

而犹太人呢，他感激地握着监狱长的手说："我这三年来一直用你给的电话与外界联系，虽然我在监狱里，但是我的生意一刻也没有停过，资产反而增长了两倍，我决定送你一辆车来感谢你对我的帮助。"

这个故事告诉我们：最初的选择和定位对一个人后来的发展有很大的影响。在选择和给自己设置定位时，每个人都要考虑清楚，都要小心谨慎。

在社会心理学中，人们把一个人自己选定的角色不因其他因素而发生太大变化的现象，称为定位效应。

为什么大家都在强调变通性？因为多数人都有点固执己见，最初的想法深植于脑海之中，为此有过很多困惑。

最初的选择会影响我们以后的行为，甚至是我们的一生。一旦选错，很可能终身懊悔。

对于这种心理，美国的心理学教授卡尔·维克也做过相关实验。他选了六只蜜蜂和六只苍蝇，将它们放进同一个玻璃瓶内，然后将瓶子放平，瓶底朝向窗户，阳光通过瓶底照射进来。

蜜蜂不停地在瓶底上寻找出口，直到它们力竭而死；而苍蝇却在两分钟之内，穿过另一端的瓶颈全部逃走。

为什么会出现这种现象呢？难道苍蝇比蜜蜂更聪明吗？

事实证明，蜜蜂是一种喜欢光的动物，它们一心想去有光的地方，直至死亡也没有改变自己的想法。一开始，它们就认为出口必然在光线最强的地方，所以不停地重复着此类看似合乎逻辑、自己也习以为常的行为。这其实是因为蜜蜂终究无法摆脱自己最开始做出的选择。

这个实验的第二阶段，维克教授把被试换成了人。他召集了一些企业的员工，对他们说要进行一个所谓的会议。在这个会议开始前，他让所有人自由地选择自己要坐的位子。接着，维克让他们到外面的休息室休息一会儿再回来，回到会议室以后，维克再一次让他们进行选择。虽然被试们重复选择了五六次位子，但是维克教授发现，大多数人在重复选择中仍然倾向于选择自己以前选择过的位子。

实验的结果很奇妙，人们对最初选择的执着和坚定是左右这一实验结果的根本原因。也正是通过对这两个实验的观察，维克教授提出了他的结论：**人像蜜蜂一样，凡是自己一开始就选定的，大多不想轻易也很少会去改变它。**

可见，一个人最初对的定位是非常关键的，因为它会左右之后的思维定式。人们一旦对某件事情做出定位之后，就很容易产生先入为主的情绪，也往往会不遗余力地坚持这个最初的决定。

我们的人生完全取决于选择，也就是说，选择将会决定人生。A 和 B 同是北京市一所职高的学生，毕业后都面临两种选择：去银行当柜员和继续上学。

A 选择了去银行上班，之所以做出这样的选择，一是因为 A 不爱读书，二是因为家人的坚持。因为家里有人在银行工作，知道金融行业的待遇有多好。

即便 A 刚参加工作那会儿，每个月只有 300 元工资，半年之后才结束实习，工资也只有 1000 元，而当时的大学毕业生起薪就是 1000 元。

B 选择了继续念书，即便家人劝他去银行。他还不想工作，只想继续念书。之后 B 又考取了本科学历，攻读了研究生，读不动了才考虑就业。

这时，A 已经混到了银行副行长的职位，而 B 的起薪只有 4000 元，做的是财务工作。他并不喜欢这份工作，开始后悔当初的选择，但是受到定位效应的影响，依旧坚持着。

如今，B 凭借自己不断学习，考取了注册会计师，每个月工资有两万元。再来看 A，他已经不在银行了，而是跟别人合伙开了一家信贷公司，年收入 500 万元以上。

选择决定人生，如果 B 当时也选择进入银行工作，凭借他的学习能力，从收入方面看，至少不会低于他从事财务工作的薪水。

况且，B 还不喜欢自己的职业，对他来说，工作的意义只剩下生存，本来财务工作就枯燥，没有兴趣的工作简直就是一种煎熬。

为什么不换工作？受到定位效应的影响，我们会坚持自己最初的想法，并认为自己的选择是对的，之后的行为都是在验证这一点，即使心里已经感到后悔。

我在买股票的时候也是这样，认定一只股票之后，即便它每天都跌，我还是相信第二天一定会上涨。尤其是股市大跌那次。就这样犹豫不决，导致损失惨重。如果我能及早割肉清仓，实际上亏损并不多。我相信很多股民都和我一样，受制于定位效应，明明知道还得跌也不愿相信，结果导致巨大的损失。

钱没了可以再赚，但是人生选错了就没有回头路了，所以我们一定要谨慎，选错一步，就可能输掉一生。

那么，在进行选择时，有什么操作建议呢？

★咨询专家或者有经验的人

在进行重大选择之前，如果有条件，一定要请教专业人士，至少要咨询有经验的人。因为他们懂行，有经验，所以他们的意见很关键。结合自己的情况进行判断，最后做出的选择一般比较保险。

★如果有机会，先尝试再选择

美国的大学生在选择专业之前，会从事相关的工作，以此判断自己是否喜欢并适合这个专业以及之后可能从事的工作。所以，在你选择之前，最好是先尝试一段时间，有了经验再做判断，准确率就会提高很多。

★一旦意识到选错了，不要犹豫，及时止损

和买股票一样，一旦跌幅超过心理价位，及时止损，不要犹豫。这考验的是一个人的变通能力，犹豫不决只会让情况更糟。要及时做出改变，尽管这个过程会非常痛苦。

成就动机：永远保持激昂的斗志

心理学有一种理论叫作成就动机（Achievement Motivation），是指个体追求自认为重要的、有价值的工作，并使之达到完美状态的动机，即一种以高标准要求自己力求取得活动成功的动机。

美国著名心理学家麦克利兰做过一个测验个体成就动机的实验。他让志愿者单独待在一个房间内，在无人监督的情况下玩套圈游戏，而且可以灵活地选择套圈的起点位置。

先后有40名志愿者参与了该实验，麦克利兰在暗中观察，看看他们是选择距离目标较近的位置，百发百中；还是选择距离目标很远的位置，挑战自己；抑或是选择距离目标适中的位置。

实验结束后，麦克利兰得出结论：

选择距离较近或较远位置的志愿者，都是一个成就动机较低的人，他喜欢能够轻易得手的事情，也喜欢做不可能成功的事情。前者是因为他们无法接受失败带来的负面情绪，后者则是因为那些不可能成功的事情，其他人做起来也会非常困难，所以即使失败也不会受到责备或者被人嘲讽。

如果一个人选择距离目标适中的位置，说明他是一个成就动机很高的人。他喜欢挑战，追求可能的成功，也不畏惧失败带来的失望和挫折。

这个实验证明，如果两个人在其他因素上相差无几，如经验、人脉、智力、能力、情商等因素上差距不大，那么成就动机高的人更容易获得成功，因为他们更愿意接受挑战，会不断追求卓越，积极提升自己。

实际上，成就动机指的就是对成功的渴望，每个人都存在这种动机，只不过强度不同。例如，我认识一些一线、二线城市的本地人，如北京人、上海人、四川人，他们生活安逸，没有强烈的成功渴望，所以成就动机偏低。而那些“北漂”则完全不同，身边的几个朋友几乎每次喝多了都讲述当年的心酸漂泊史。他们大学毕业之后来到一线城市打拼，大都有过住在地下室的经历，所以发誓一定要混出个模样，早点离开地下室，住进自己的房子里。因此，他们的成就动机较高，在生活和工作中也更拼。自然，经过十几年的打拼，这些人都买了房子，拥有不错的工作，娶到了漂亮的妻子，成了人生赢家。

时至今日再看看身边的本地人，除非是家里有几套房子的，否则很难称为人生赢家。他们大部分继续过着安逸的生活，拿着低于本市平均工资的薪水，没有追求。

不是没有需求，这些人很多也没有房子，只不过他们选择的目标要么太轻松，要么难度太大，如买房子，以自己的薪水，攒够首付都要几十年。因此，很难激发出拼搏的动力，只能安慰自己接受现状。

人生的差距就是这样拉开的，高成就动机的人不断追求更高的目标，不断超越自我。他们不停奔跑，虽然很累，但是能够一直领先众人。

创业的人就属于高成就动机者，他们拥有强烈的成功欲望，每天都能保持高昂的斗志。对他们来说，休息就会感到内疚，除了吃饭睡觉，其他时间都在工作。

更可怕的是，这类人往往天赋更高，家庭背景更好，受教育程度也高。总之，他们在能力、智力、人脉、资金等诸多方面都存在优势，很多方面的优势巨大，普通人大多在起跑线就输了。

这样的人每天都像打了鸡血一样投入工作，这就不难理解，为什么这些人一年的薪水，比普通人10年、20年甚至一辈子的都多了。

如果你不甘平庸，下面这些技巧将会让你始终保持旺盛的斗志，逐渐养成高成就动机：

★不断挑战自我，永远知道下一个目标

永远给自己设定新的目标，而且下一个目标一定更难，这是一种自我挑战的过程，也是一种人生态度。最简单的任务就是赚钱，每年设定一个更高的利润率。很多人觉得俗气，实际上不是，生意是一门修行，而且在我看来，这门修行的难度超越了至少90%的领域，因为在做生意的过程中，你需要考虑方方面面的因素。这对于培养一个人的综合能力很有帮助。

★与高手为伍，抑或为敌

确定你的目标，然后尽量与这个领域内的高手交往，即便不能成为队友，也要成为他们的敌人。在竞争过程中你也许会输得很惨，但是成长的速度也是惊人的。例如，我喜欢踢球，经常在业余联赛上遇到很多高水平选手，由于水平不够，很难成为他们的一员，但是成为他们的对手也不错。虽然输得很惨，但是学到的东西很多，下一次与相同水平的对手过招时，就会感觉明显占优。

★目标难度分级，回避过分高难度的目标

在培养高成就动机的过程中，只需要注意一个问题，就是追求的目标难度适中，一定要符合自己的能力上限，也就是说通过努力可以达成的。否则，一旦目标难度过大，就会打击个人积极性。例如，有一次踢球，对手是退役的职业球员，我们完全没有机会，被对方很轻松就踢进十几个球，甚至全场我们都碰不到几脚球。后来，全队上下士气低落，很长时间没有缓过来。

像这种难度过大的目标，会打击信心，没有任何好处，应该尽量回避。

模式思维：模仿是快速成长的必修课

所谓模式思维，也被称为模仿思维法，是指依据已有的思维模式来模仿认识未知事物的思维方法。

有些人每天都在喊着改变世界，他们对模仿这种行为不屑一顾，认为只有创新才能改变世界。

他们的想法没错，可是一共有多少人能改变世界呢？你知道几个乔布斯？几个马云？

如果你想不到改变世界的点子，难道生活就不继续了？就不工作了？

模仿是人类的天性，这种心理在幼儿期最为明显，幼儿善于接受新鲜事物，善于学习、模仿他人的行为、特点。

班杜拉（Bandura）所做的与观察学习有关的波波玩偶实验就很好地说明了学习对侵犯行为的影响。班杜拉认为，儿童侵犯行为的获得并不一定以其亲身获得奖励或惩罚为前提，儿童可以通过观察他人从事此类行为之后受到奖励或惩罚而学会这类行为。在研究中，班杜拉把儿童带到一间屋子里完成一个艺术项目，在同一个屋子的另一头，一个大人正在悄悄地与一些玩具玩，其中有一个大木棰和一个假人（Bobo doll）。儿童被分为实验组和控制组。实验组的儿童看到大人叫喊着用大木棰击打假人，控制组的儿童看到大人只是悄悄地自己玩玩具。在看了约十分钟之后，把他们带到另一间放着各种各样孩子们喜欢的玩具的屋子，告诉他们说这些玩具是留给其他人玩的，以激起他们的挫折感。之后把孩子们带到第三间屋子，屋子里有一些玩具，包括 Bobo doll。结果正如人们所预料：实验组的儿童比控制组的儿童表现出了更多的侵犯行为。

班杜拉的模仿实验告诉我们：人从小开始，就会通过模仿形成某些行为。而个体对于自己所模仿的对象或行为的选择都是根据自己的动机、目标、需要等因素出发的。个体对他人的模仿以及模仿学到的东西，对个体以后的生活和行为有很大的改善作用。

模仿是一种人与生俱来的心理机制，是人的本能。亚里士多德说过：“人是善于模仿的生物，人是借助模仿来学习最早的功课的。”

我们一定要认识到模仿的重要性。任何伟大的成功都需要一步步实现，只有先学会模仿，才能在前人的经验基础上做出创新。也只有如此，你才有机会改变世界。

对个人来说，如何利用模式思维快速成长呢？

★确定目标领域，混圈子并锁定关键人物

模仿很容易，关键要弄明白你的目标是什么，模仿哪些人，向他们学什么？例如，你想开一家饭馆，这就是你的目标领域，你需要进入餐饮圈，然后缩小范围，进入餐馆创业的圈子。混熟了之后你需要根据自己的需求锁定目标人物，如你想开一家奶茶店，那你就找这方面做得最好的几个人，向他们学习。

★差异化助你更好地生存

简单模仿是不可能超越目标人物的，甚至生存下来都会有问题，所以必须要有差异化。例如，你想开一家超市，选定区域已经有了一家物美超市，即便你有足够的资金，再开一家大型超市也是不合理的。那么，你可以选择加盟一家 7–11 便利店，这就是差异化。

★从模仿到超越，你需要有不同的点

即便你很善于模仿，也很难超过行业的龙头老大。小蓝单车就是一个例子，与龙头老二小黄车比起来，车子更好骑；与老大摩拜单车比起来，押金更便宜。这就是模仿过程中强调的差异化，但是缺少创新，一旦在资金出现问题之后，就很容易败下阵来。

然而，如果加入创新点，那么生存就会更容易，甚至有可能超越前者，如共享电单车，在不考虑其他因素的前提下，共享单车与共享电单车，你更愿意选择哪个呢？

贝克尔境界：始终保持最佳工作状态

鲍里斯·贝克尔是德国著名网球运动员，他保持状态的方法就是避免过度兴奋，而始终保持着半兴奋状态，人们称之为“贝克尔境界”。

英国两位心理学家耶克斯和多德森提出的“倒 U 形假说”，与贝克尔境界十分相似。两位心理学家一直致力于研究工作压力和工作业绩之间的关系，得出了一个结论：当人们没有压力，也不感到兴奋时，就没有做好工作的动力；相反，当一个人处于极度兴奋状态时，随之而来的压力又可能导致任务无法完成；而只有当一个人处于轻度兴奋状态时，才能把工作做得最好。

这就是著名的“倒U形假说”，也称“耶克斯—多德森法则”。

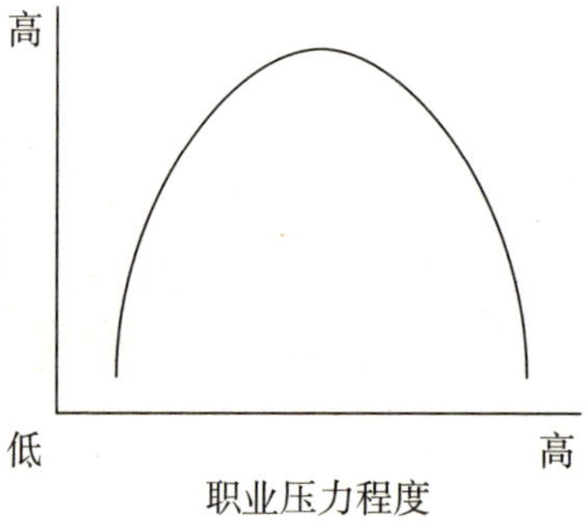

如图所示，当一个人的状态不兴奋时，就没有压力，也就没有向上的动力，效率就会很低；反之，如果太兴奋了，就会导致压力过大，造成拖延行为，最终无法完成任务，工作效率也不会很高；只有处于半兴奋状态时，才能保持适度压力，也就是处于倒U形曲线的最顶端时，工作效率最高。

关于贝克尔境界或者“倒U形假说”的例子很多，来看几个有意思的案例：

1.H大学毕业，只身一人来到北京打拼，由于没钱只能选择住在地下室，之后他找到了一份销售的工作，希望大干一场。第一个月，他就给自己制定了成为公司销售冠军的目标，并鼓励自己，一定要在半年内离开地下室。然而，H越是兴奋，身上的压力越大，结果每天拼命跑客户却不得要领，一个月过去了，只拿到了一笔订单，连公司制定的基本任务都没有完成。

2. 在一次国际田径比赛上，一位跳高教练员鼓励他的爱徒，这是最后一跳了，你只需要跳过这两厘米，你渴望的别墅就到手了。然而，爱徒由于压力过大失败了。

这两个案例都是因为压力过大最终导致失败。

3. 在洛杉矶奥运会上，跳水王子洛加尼斯面临着冲击金牌的最后一跳，他的教练就显得聪明一些，告诉他说，你的妈妈在家等着你呢！跳完这轮，你就可以回家吃她做的小馅饼了。最终，洛加尼斯赢得金牌。

在第二、第三个案例中，两位教练都是希望激发起徒弟的兴奋点，然而当人处于紧张的状态时，其心理压力是非常大的，这时并不容易兴奋起来，只有保持冷静才能达到最佳状态。

无论是“贝克尔境界”还是“倒U形假说”，都在说明一个问题：只有处于最佳状态时，才能让工作效率最大化。而我们每个人需要做的，就是找到自己的最佳状态。

那么，接下来我们的任务，就是帮助读者找到自己的最佳状态：

★确定高效时间段

有些人早上状态好，有些人晚上状态好，你要做的就是根据以往经验，找到最高效的时间段，然后将复杂的、重要的工作放在这段时间处理，这样你的工作效率一定会提高。

★通过自我刺激确定情绪临界点

通过不断自我施压，不断激励自己的方式，找到情绪的临界点。以跑步为例，在开始之前，给自己一个要跑多远的目标。比如，设定距离为3千米，你感到很轻松，完全没有压力，那么继续增加里程，设定为5千米，你觉得这段距离比较合适，而且跑完5千米之后，你觉得很兴奋。

第二天你希望有所提高，于是设定了10千米的目标，你觉得这个距离有点儿远了。跑完之后，你感到很累，第三天继续设定10千米的目标，会让你感到很大的压力。

按照这个规律逐步降低里程数，如9千米、8千米……直到找出最佳里程数。最后，你确定了一个合理的目标：7千米。这段距离对你来说，既是挑战，又不会让你感到太大的压力，这就是情绪临界点。

确定情绪临界点之后，也就找到了最佳状态。

★激活兴奋点

每个人都有兴奋点，如运动员，他们在上场之前都会通过适当的方式激活自己的兴奋点，从而达到最佳状态。工作中也是如此，每个人激活兴奋点的方法不同。例如，我是通过听音乐的方式激活兴奋点的，每当需要激发灵感时，我就会听一首 Alan Walker（艾伦·沃克）的 *Faded*，顿时就来了感觉。

每个人的方式不同，如有人通过瑜伽、冥想、运动等方式自我激活。找到适合自己的方式，就可以轻松地进入最佳工作状态。

投篮实验：养成大脑预演的习惯

来自美国的几位心理学家做过一个实验，他们找到一些大学生志愿者，让他们分成三组，进行不同方式的投篮技巧训练，为期20天。

第一组的学生每天都进行实战，也就是练习真刀真枪的投篮，并记录下第一天和最后一天投篮成绩；

第二组的学生没有进行任何实质性练习；

第三组的学生将第一天的成绩记录下来，然后每天花20分钟进行想象中的投篮训练，如果投篮不中，他们会在自己的脑海中做出相应的改进，并把最后一天的成绩记录下来。

实验结果显示，第二组学生的投篮技巧没有任何长进，第一组学生的进球率提升了24%，第三组学生的进球率提升了26%。

心理学家得出结论，在行动之前，做好计划是非常重要的。

美国的行为科学家艾得·布利斯提出一个很著名的“布利斯定理”，即用较多的时间为某一次工作做出事前计划，那么做这项工作所用的时间就会减少。

这个定理告诉我们，做任何工作之前都应拟好相应的行动计划，并在大脑中进行预演，这样在行动时就不会出现手忙脚乱的现象，节省时间。

国外的研究机构通过实验证明，制订出比较合理的计划后将会大大地提高目标实现的成功率。此外，研究者还发现，坚持计划也是人们取得最终成功的关键要素，根据他们的调查结果，那些坚持计划的人比在中途修改计划的人取得成功的概率要高出许多。具体而言，坚持计划的人成功实现自己最初目标的概率为84%，而在中途改变计划的人成功实现自己最初目标的概率为16%。

著名的新东方创始人俞敏洪讲过这样一个故事，正是这个故事，对他的一生都产生了非常大的影响。

他的父亲是一个木工，经常帮助别人修建房子，每次帮别人修完房子之后，他都会去把别人废弃不要的一些碎砖烂瓦捡回家。长年累月，他家的院子里多了一堆乱七八糟的砖头碎瓦。直到有一天，他的父亲用这些碎瓦建起一间猪舍后，他才明白父亲的用意。

从此以后，俞敏洪在做每一件事情之前，都要先问问自己做这件事情的目的是什么，因为盲目的做事就如同捡了一堆废弃的砖头；再去考虑要将一栋“屋子”建好一共需要多少这样的“砖头”，平均每天大概需要去捡来多少“砖头”才可以达到目标；最后就是为自己的耐心加把劲儿，因为完成任何一件事情都需要足够的耐心，毕竟“砖头”不是一天就可以捡够的。

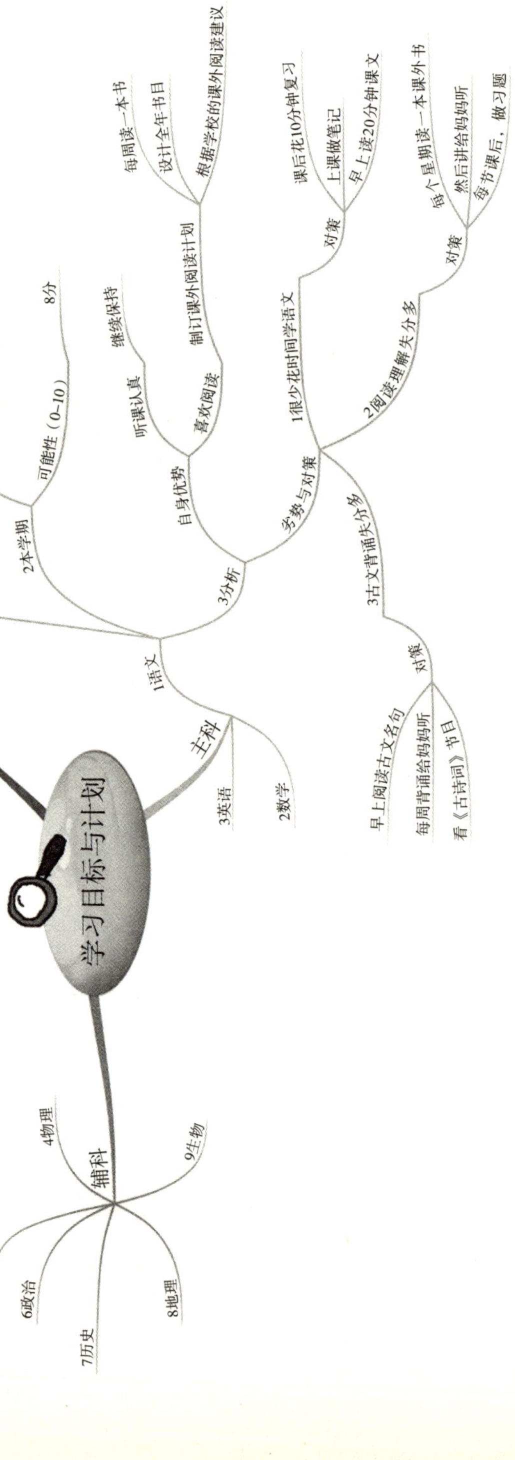
学习目标与计划
总目标
主科
1语文
1上学期
成绩与在班级的层次
70分（100分制）
中游
满意度（0–10）
5分
2本学期
目标
分数
90分（100分制）
在班级的层次
中上游
可能性（0–10）
8分
3分析
自身优势
听课认真
继续保持
喜欢阅读
制订课外阅读计划
每周读一本书
设计全年书目
根据学校的课外阅读建议
劣势与对策
1很少花时间学语文
对策
课后花10分钟复习
上课做笔记
早上读20分钟课文
2阅读理解失分多
对策
每个星期读一本课外书
然后讲给妈妈听
每节课后，做习题
3古文背诵失分多
对策
早上阅读古文名句
每周背诵给妈妈听
看《古诗词》节目
2数学
3英语
辅科
4物理
5化学
6政治
7历史
8地理
9生物

制订计划的方法有很多，我们主要讲一下大脑预演的操作方法，相对于其他方法，我认为这种方法的效果更好。

★场景预演

场景预演就是在大脑中想象即将发生的事件的全过程，将每个细节都在脑海中演绎一遍。

美国游泳运动员菲尔普斯的教练鲍勃·鲍曼提出过一个理念，他认为运动员取得优异成绩并不是依靠临场发挥，而取决于是否能把他的行为精确编程。

鲍曼就是这样训练菲尔普斯的，让他的行为像机器一样可控。菲尔普斯除训练外，还要在大脑中预演整个游泳的过程，把所有的动作和反应悄悄地渗透到潜意识中，这使他的整个比赛行为变成一种近似于去场景化的反应。

菲尔普斯会想象每一个细节，如手臂如何滑动，想象水的反作用力等。

我们在进行场景预演的时候，首先要梳理一遍流程，然后想象关键细节，在脑海中反复预演，直到这个过程烂熟于心。

★思维导图式预演

思维导图也是进行预演的不错选择，通过思维导图的形式，可以激活发散性思维，联想到很多细节，有助于熟悉整个过程。

上图是宋莹老师在新书中使用的一张思维导图，列出的是具体学习目标与计划。通过这张思维导图，你可以列出具体的学习目标。比如，你对上学期的语文成绩不满意，只给自己打了 5 分，那么就可以联想到这个学期的目标，在下一个分支中体现出来，如希望自己的成绩达到中上等。

制作思维导图的过程，实际上就是在进行大脑预演，因为思考就是加深记忆的过程。

塞利格曼效应：远离失败的恶性循环

塞利格曼效应是以心理学家马丁·塞利格曼（Martin E.P. Selegman 1942 ~）的名字命名的，指的是人或动物接连不断地遭受打击与挫折，便会感到自己对于一切都无能为力，丧失信心，陷入一种无助的心理状态。

当一个人斗志昂扬，为了理想在个人成长的快车道飞奔时，最重要的就是避免陷入失败的恶性循环。以创业者为例，本来竞争环境、生存环境就非常险恶，这时最需要的是成功体验，接二连三的失败很容易让人失去继续奋斗的希望。

1967 年，马丁·塞利格曼以狗为对象做了下列实验。

实验一：

塞利格曼的实验对象是一条狗，将其关进一个带有电击装置的笼子里，通过电击引起狗的痛苦，但又不会使其丧命或受伤。最初遭受电击时，狗会拼命想要逃出笼子，但多次努力无果之后，当它再次受到电击时，挣扎的强度就会逐渐降低。

实验二：

塞利格曼换了一个笼子，这个笼子由两部分构成，中间用隔板隔开，隔板的高度是狗可以轻易跳过去的。隔板的一边装有电击装置，另一边则没有。测试结果显示，刚才受过电击的狗，除在前 30 秒出现惊恐状况外，此后一直绝望地趴在那里，再也不去尝试逃跑。

实验三：

塞利格曼这次找来几条没有被电击的狗，直接放进有隔板的笼子里，这些狗遭到电击之后都轻松地跳到了安全的一边。

实验四：

塞利格曼先对狗进行“培训”，把它们放到可以躲避电击的笼子里，当它们接受电击时，只需轻轻一跳，就可以免受电击之苦。等狗学会之后，再让其参与第一个实验。结果证明，这些经过培训的狗一般不容易出现“塞利格曼效应”。

通过这个实验我们可以看出，如果没有经过训练，大部分人在遭受接二连三的失败之后，会一蹶不振。

仍然以创业为例，对于连续创业者来说，由于前期经历过多次失败，再次经受挫折对他们来说影响不大，然而对于初创者来说，一旦陷入失败的恶性循环，很可能就会放弃。

这就是在个人成长过程中，必须极力避免陷入塞利格曼效应的原因。

放眼世界历史，每当出现大环境的改变时，如战争、饥荒、灾难，都会有很多人出现塞利格曼效应。例如，心理学家曾对二战时集中营的幸存者进行研究，发现这些人拒绝关心和鼓励，这些都是明显的塞利格曼效应。

在成长过程中，塞利格曼效应对人的打击是十分严重的，很容易导致自我否定，而且短时间内很难缓过来。塞利格曼效应的核心危害并不是它的无法克服性，而是循环性。

在著名小说《歌门鬼城》（*Gormenghast*）中，主角泰忒斯·格兰（Titus Groan）原先是一位消极处世的贵族，但当家园面临劫难之时，他能够从消极境况中走出来，态度积极地应对困难。然而，当危机解除之后，他又回到之前消极沮丧的状况。

人类的潜能是巨大的，在重大危机面前，能够重新燃起斗志，然而一旦危机解除，很多人依然无法摆脱失败的心理阴影，再次陷入恶性循环。

有些创业失败者重新找工作之后很快进入状态，做得很好，毕竟他们具备很强的能力，然而当他们再次面临创业机会时，多数人选择了拒绝。

心理学家在长期的观察实验中，也得到了类似的结果。如果你曾经在工作之初遭遇接二连三的挫折，很可能产生过自暴自弃的想法，认为自己一无是处。

事实上，此时此刻的我们并非“真的不行”，而是陷入了“塞利格曼效应”的心理状态中，我们受到消极心理的影响，自设藩篱，逃无可逃。

想要避免陷入失败的恶性循环，就需要有一个清醒的自我认识。分享一些实用经验：

★避免以点概面，及时发现闪光点

在个人成长过程中，失败是在所难免的，即便你在某个领域不断失败，甚至从来没赢过，也不要失去信心。很多人习惯以点概面，认为自己一无是处，这是非常危险的想法。这时你需要自我反思，也许你在这个领域没有天赋，但不代表你什么都不行。你需要找出自己的优势，并强化自己的闪光点，尽快忘掉失败的影响。

★向下比较，学会自我安慰

心理学家研究发现，通过与不如自己的人相比，会感到更加快乐、自信。这是一种自我安慰的方法，能够帮你从失败中走出来。

有一句励志鸡汤，曾经打动了很多人：当你抱怨没有鞋穿的时候，想想那些没有脚的人吧。

★认清现状，降低目标难度

你要很清楚，这个世界上的成功者总是少数，并不是谁都能成为马云、马化腾……所以你要清醒地认识自己，认清现状，也许你的目标超出了你的能力。适当降低目标，获得更多的成功体验更重要。

飞行员心理测试：别让思维定式限制你

“二战”期间，美国军方曾委托当时著名的心理学家桂尔福研发了一套心理测试题，目的是挑选出优秀的飞行员。结果通过这套测试的飞行员，平时训练成绩非常优秀，但是上了战场之后则表现得很糟糕，大部分人被击落，死亡率非常高。

桂尔福通过反思与对比数据，发现那些在战场上表现出色的飞行员都是由有经验的退役老兵挑选出来的。他非常纳闷儿，为什么自己研发的专业心理测试还比不上这些老飞行员的直觉呢？

为了弄清楚原因，桂尔福特意向一个老飞行员请教，老兵请他一起挑选新人。

老兵问第一个年轻人："小伙子，如果纳粹发现了你的战机，用高射炮打你，你怎么办？"

"把飞机飞到更高的高度。"

"你怎么知道的？"

"作战手册上写的，这是标准答案。"

第二个年轻人走进来，老兵问了同样的问题。

"找片云堆躲起来，让敌人看不到我。"

"如果当时没有云呢？"

"那就向下俯冲，跟他们拼了！"

"难道你没看作战手册？"

"看了，太厚了，我记不住那么多。"

面试结束，老兵问桂尔福："教授，你会选择谁？"

"嗯，我想听听你的意见。"

"我会挑第二个。"

"为什么？"

"没错，第一个人回答的是标准答案，但是，这样的标准答案全世界都知道，德国人会不清楚吗？他们一定会故意向低空射击，把我们的飞机逼向高位，然后集中火力攻击高处，如果飞到高处正中敌人下怀。"

“第二个小子虽然不按常理出牌，却显示出不错的随机应变能力，这才是在关键时刻保命的法宝。”

桂尔福教授恍然大悟，重新改造他的测试。在新的测试中出现了这样的问题：“如果你有一块砖头，请说出50种不同的用途。”这种激发创意的问题也为美国选出了一批真正优秀的飞行员，桂尔福也因此成为现代创意活动之父。

跳出思维定式，你的人生才会发生巨大的转变，进入快速上升通道。限制一个人成长的最大阻碍便是思维方式，当你陷入某一种思维模式之中，在没有重大变故发生时，很难跳出来。

举一个简单的例子，如果你认为学历最重要，就会一直努力学习、考证，成为超级学霸。你看不到更远的目标，没有想过一直学下去的终极目标是什么。

或早或晚，你都要参加工作的。假设本科毕业后，银行让你去实习，你说要考研；研究生毕业之后，BAT公司招你去实习，你说考完博士再考虑工作；博士读完了，你终于想上班了，结果却发现当初去银行的同学现在已经是副行长了，薪水是你的十倍。

例子不一定恰当，但是生活中这样的人大有人在。这些人一般比较固执，认定了一条路就要走下去。最容易成功的也是这类人，但是大部分人都撞到了“南墙”，还有些人宁可撞死也不回头。

如果你的脑袋不够硬，不能把墙撞倒，撞死了也没机会。所以，我们必须改变思维定式，灵活一些，才能更快速地成长。

心理学家包达列夫做过一个实验：他让被试看同一个人的照片并进行简单描述。

研究人员先将被试分为两组，告诉第一组被试照片上的人是一个通缉犯，告诉第二组被试照片上的人是一位科学家。

在进行描述时，第一组被试将照片上的人描述成“深陷的双眼正好证明他内心的仇恨”“突出的下巴代表他死不悔改”等，都是一些与通缉犯相符的消极描述。

第二组的被试则这样描述，“深陷的双眼则代表他思想的深度”“突出的下巴表明他克服艰难的意志力”等，都是一些与科学家形象相符的看起来很积极的描述。

这个实验证明了思维定式的作用，也说明每个人或多或少受此影响。**“思维定式”指的是人们在一定的环境中工作与生活时，会逐渐形成一种较为固定的思维模式，在以后的生活中也习惯于从固定的角度来观察和思考事物，以固定的方式接受事物。**

思维定式对人们的影响各有利弊，从积极的方面来看，对于机械化的工作，按以往的经验操作势必更加熟练，节省更多时间；从消极的方面看，思维定式会限制个人成长的速度，在这种思维模式下，缺少创新力，只按照常规方法解决问题，很难取得突破。

突破思维定式并不容易，观念与习惯一样，在没有遭遇重大变故之前，都很难改变。但只要你意识到问题的严重性，并通过一些技巧刻意改变，相信通过日积月累的练习，总会取得进步。

你只需要清楚一件事，关于思维定式，每次改变一小步，在个人成长方面就会提升一大步。

★练习发散思维

缺少创造性是多数人的“瓶颈”，限制个人成长。给你一个关键词“苹果”，让你联想三个词很简单，如 iPhone、牛顿、水果。那么，让你联想 10 个词呢？

练习发散思维，有几个关键点需要注意：

跳出认知范围，大胆想象。例如，在你的认知范围内，你认为汽车只能在地上走，但是通过大胆想象，汽车也可以飞起来，甚至成为变形金刚。

借助图形、工具联想。例如，通过思维导图的方式，视觉化地对大脑进行刺激，你会想到更多内容。

扩大认知范围。你可以多看书，多上网，多与人交往，这样你的见识就会越来越广，能联想到的内容自然会越来越多。

★练习逆向思维

假设你必须进入以下三个房间，你会怎样选择？

A. 着火的房间

B. 房间里都是拿着 AK-47 的恐怖分子

C. 房间里有一只被饿了 60 天的狮子

正常情况下考虑，三个房间无论走进哪一个都必死无疑，但是如果使用逆向思维，你会发现 C 选项比较安全，因为一头被饿了 60 天的狮子恐怕早已奄奄一息，还能吃人吗？

★缜密的逻辑分析能力

缜密的逻辑分析能力会让一切不合理变得合理，也就不容易陷入思维定式。

警察接到线报，一名叫乔治的家伙很可能杀了人藏在一栋民宅内，于是警方突袭了这间房子。进屋之后发现有四个人，分别是保姆、空姐、幼师与消防员，四个人正在打牌，而警察直接控制了消防员，请问这是为什么？

仔细分析就会找到答案。根据线报，虽然不清楚嫌疑人的长相，但是知道他的名字叫乔治，也就是说是一位男性，而屋子里其他几个人都是女的，于是警察直接逮捕了他。

图书在版编目 (CIP) 数据

人生总会有办法：世界顶级思维方式：实践版 / 黄磊著 . —北京：中国法制出版社，2019.7

ISBN 978-7-5216-0259-3

Ⅰ . ①人… Ⅱ . ①黄… Ⅲ . ①思维方法—通俗读物 Ⅳ . ① B80–49

中国版本图书馆 CIP 数据核字（2019）第 094403 号

策划编辑：杨 智

责任编辑：杨 智 冯 运　　封面设计：汪要军

人生总会有办法：世界顶级思维方式：实践版

RENSHENG ZONG HUI YOU BANFA：SHIJIE DINGJI SIWEI FANGSHI：SHIJIANBAN

著者 / 黄磊

经销 / 新华书店

印刷 / 北京海纳百川印刷有限公司

开本 / 710 毫米 ×1000 毫米 16 开　　印张 / 12.5　字数 / 166 千

版次 / 2019 年 7 月第 1 版　　2019 年 7 月第 1 次印刷

中国法制出版社出版

书号 ISBN 978-7-5216-0259-3　　定价：38.00 元

北京西单横二条 2 号　邮政编码 100031　　传真：010-66031119

网址：http://www.zgfzs.com　　编辑部电话：010-66034985

市场营销部电话：010-66033393　　邮购部电话：010-66033288

（如有印装质量问题，请与本社印务部联系调换。电话：010-66032926）